# L'ANCIENNE ET LA NOUVELLE

## DES

# COURS DE PHYSIQUE

## LES PLUS RÉCRÉATIFS ET LES PLUS SURPRENANTS

### MIS À LA PORTÉE DE TOUT LE MONDE

Contenant des expériences sur les découvertes les plus anciennes comme les plus récentes, sur la physique amusante; l'air, l'eau, le feu, la gnomonie, l'optique, les ballons, le gaz, le magnétisme, etc.

## Lanterne magique et Fantasmagorie.

### LES RENSEIGNEMENTS LES PLUS COMPLETS SUR LA

## DOUBLE-VUE DÉVOILÉE

Suspension éthéréenne, tables tournantes, rotation des chapeaux, la télégraphie et l'électricité, le daguerréotype et le stéréoscope, les encres sympathiques, enfin des tours d'équilibre et d'adresse, terminé par le verro-phone ou musique des verres.

## Le tout pour s'amuser et rire en société.

### OUVRAGE ENTIÈREMENT NEUF

Enrichi de plus de 50 figures pour en faciliter l'exécution.

Le verro-phone ou musique des verres. — Fig. 50.

## PARIS.

# LE BAILLY, LIBRAIRE,

Rue Cardinale, 0, faub. St.-Germain.

# L'ANCIENNE ET LA NOUVELLE COLLECTION

## DES

# TOURS DE PHYSIQUE

## LES PLUS RÉCRÉATIFS ET LES PLUS SURPRENANTS

### MIS A LA PORTÉE DE TOUT LE MONDE

Contenant des expériences sur les découvertes les plus anciennes comme les plus plus récentes, sur la physique amusante ; l'air, l'eau, le feu, la gnomonie, l'optique, les ballons, le gaz, le magnétisme, etc.

### Lanterne magique et Fantasmagorie.

#### LES RENSEIGNEMENTS LES PLUS COMPLETS SUR LA

## DOUBLE-VUE DÉVOILÉE

Suspension éthéréenne, tables tournantes, rotation des chapeaux, la télégraphie et l'électricité, le daguerréotype et le stéréoscope, les encres sympathiques, enfin des tours d'équilibre et d'adresse, terminé par le verro-phone ou musique des verres.

### Le tout pour s'amuser et rire en société.

#### OUVRAGE ENTIÈREMENT NEUF

Enrichi de plus de 50 figures pour en faciliter l'exécution.

**Double-vue dévoilée. — Fig. 43.**

## PARIS.

## LE BAILLY, LIBRAIRE,

Rue Cardinale, 6, faub. St.-Germain.

1856

Vous brillez par votre parure ;
Mais est-ce à vous que la nature
Prodigue ses plus doux présens ?

Autour de vous, dans vos calices,
Philomèle, l'insecte ailé,
Tout à l'amour est appelé,
Tout se plonge dans ses délices.

Vous, que vous servent ces appas
Sortis des mains de Dionée ?
Que je plains votre destinée !
Vous vivez, et vous n'aimez pas.

Mais, loin d'un regard qui m'enflamme
Banni par un ordre inhumain ;
Quand sur vous je porte la main
Vous prenez une voix, une âme :

# ANCIENS ET NOUVEAUX
# TOURS DE PHYSIQUE.

La Bouteille inépuisable.

# L'ANCIENNE ET LA NOUVELLE COLLECTION

## DES

# TOURS DE PHYSIQUE

## LES PLUS RÉCRÉATIFS ET LES PLUS SURPRENANTS

### MIS A LA PORTÉE DE TOUT LE MONDE

Contenant des expériences sur les découvertes les plus anciennes comme les plus plus récentes, sur la physique amusante; l'air, l'eau, le feu, la gnomonie, l'optique, les ballons, le gaz, le magnétisme, etc.

### Lanterne magique et Fantasmagorie.

#### LES RENSEIGNEMENTS LES PLUS COMPLETS SUR LA

### DOUBLE-VUE DÉVOILÉE

Suspension éthéréenne, tables tournantes, rotation des chapeaux, la télégraphie et l'électricité, le daguerréotype et le steréoscope, les encres sympathiques, enfin des tours d'équilibre et d'adresse, terminé par le verro-phone ou musique des verres.

### Le tout pour s'amuser et rire en société.

#### OUVRAGE ENTIÈREMENT NEUF

Enrichi de plus de 50 figures pour en faciliter l'exécution.

**Double-vue dévoilée. — Fig. 43.**

## PARIS.

### LE BAILLY, LIBRAIRE,

Rue Cardinale, 6, faub. St.-Germain.

1856

# AVERTISSEMENT A NOS LECTEURS.

*Les Tours de physique.* Encore un livre de banquistes, va-t-on dire; encore une informe production littéraire qui s'adresse à une poignée d'hommes formant la portion la moins intéressante de la société.

Ce jugement défavorable, nous le mériterions, sans doute, si, comme beaucoup de nos devanciers, nous traitions ici de la manière de duper nos concitoyens, en débitant une science de carrefour bonne seulement à faire profiter un petit nombre de Macaires en plein vent.

Nous ne craignons pas d'être taxé de la sorte, nous venons de faire nos preuves, en publiant récemment notre *Collection des Tours de cartes*, et celle des *Tours d'escamotage, de prestidigitation et d'adresse, etc., etc.*, mis à la portée de tout le monde; dans l'un et l'autre de *ces volumes, notre but est, l'on peut s'en convaincre : instruire en amusant, et rire sans qu'il en coûte.*

Ce nouveau volume dit son programme par son titre. Il est fait pour constater et pour aider, dans la mesure de ses forces, le progrès du bon goût en tout, partout et pour tous.

Qu'est-ce que le progrès en général?

C'est la loi divine qui conduit l'humanité du mal au bien, de la pauvreté à la richesse, de la douleur à la jouissance. Quand la terre s'échappa des mains de Dieu, elle était couverte d'aspérités et brute comme la boule de métal sortie du creuset du fondeur. Pendant bien des milliers d'années, elle fut inhabitable pour toute créature vivante. Ce n'était qu'une ébauche à laquelle, dans ses suprêmes desseins, Dieu n'avait pas donné la dernière main. C'est pourquoi, en déposant l'humanité sur la terre refroidie, il lui dit : Je suis la vie, parce que je suis la force, et parce que je suis la force, je suis le travail éternel, car la force ne peut se reposer. Or, je t'ai faite à mon image, c'est-à-dire que je t'ai créée pour le travail. Le globe, sur lequel tu es t'appartient : je te le donne; tout y est préparé pour ton bonheur si tu travailles, pour ton malheur si tu demeures oisive. Tu es mon associée ; poursuis, en la perfectionnant, l'œuvre de la création. J'ai fait tout ce qui était au-dessus de tes forces, fais le reste. Je t'ai donné l'intelligence, qui est une étincelle de mon être, et la main qui est à la fois un sceptre, signe de ta royauté et le plus délicat des instruments de travail. A l'œuvre donc. Je suis avec toi.

Longtemps l'homme ne comprit pas sa mission divine. Longtemps, au lieu de perfectionner son globe, l'humanité se divisa en nations ennemies qui se disputèrent entre elles une place au soleil, comme si la terre était trop étroite pour les loger toutes ; mais aujourd'hui qu'elle est entrée dans une vigoureuse adolescence, et que la raison lui est enfin venue, elle a honte de son passé ; elle élargit la pointe des baïonnettes pour en faire des socs de charrue, et demande à la science, qui guide le travail, la gloire sans les larmes et la richesse fruit d'un labeur productif. L'esprit de conquête la domine toujours, il est vrai ; mais elle veut désormais la conquête pacifique qui, au lieu de répandre le sang humain, verse dans des chaudières bouillantes l'eau, ce véritable sang des machines dont les flots coulent sur tous les champs de bataille de l'industrie.

Autrefois l'homme, dont les pieds craignent les épines, se traînait péniblement sur la terre, armé comme le orang-outang du bâton qu'il avait pris à la forêt voisine. Il ne tarda pas à dompter le cheval sur lequel il s'élança avec fierté. Mais le cheval faisait jaillir la boue et voler la poussière : l'humanité vient de créer le chemin de fer, aussi propre qu'un ruban de soie ; et comme le cheval, ce noble et fougueux animal, ne pouvait plus suffire à l'impétuosité de sa marche, elle l'a renvoyé à l'écurie, pour construire des courriers métalliques, qu'elle nourrit de feu, et qui roulent et se précipitent comme l'ouragan. Elle a soumis les mers comme les continents ; elle s'est élancée sur de gigantesques vaisseaux, véritables Léviathans mécaniques, qu'elle nourrit également de feu ; puis elle a dit à l'Océan étonné : Tu es désormais mon esclave, et tu me serviras avec docilité , car c'est ton devoir. Berce-moi mollement au murmure de tes flots , et calme tes tempêtes désormais impuissantes ; sinon , je te corrigerai de la cravache , et je te réduirai par l'éperon, comme on fait d'un cheval rétif.

Et quand l'humanité eut parcouru toute la terre et pris possession de son domaine , elle voulut se sentir vivre partout à la fois. Elle prit alors modèle sur les êtres organisés et lança dans toutes les directions des fils électriques , véritables cordons nerveux qui lui donnent la connaissance instantanée des événements les plus lointains , de même que le cerveau perçoit, à l'instant même de leur prodution , les sensations que l'œil, l'oreille ou la main viennent d'éprouver.

L'humanité, fille de Dieu , qui est la suprême lumière , aime la clarté du jour. Un soir donc que les ténèbres portaient l'ennui dans son âme , elle dit : Je veux qu'il ne soit plus nuit, que la lumière soit, et la lumière fut , et des millions de becs enflammés jaillirent du sein de la terre, en attendant que l'électricité, âme et lumière du monde , remplace de ses rayons éblouissants la lueur jaunissante et fumeuse du gaz.

Et toutes ses conquêtes sur la matière , loin de la fatiguer, ont, au contraire, exalté son courage et développé des désirs grands comme l'infini.

On dirait qu'elle veut réaliser le fable des Titans et prendre le ciel d'assaut.

Entreprise d'autant plus facile , qu'avec une pointe de métal , elle a désarmé Jupiter de sa foudre, qui tourne aujourd'hui dans une machine comme un humble chien de cloutier dans sa roue monotone.

L'hirondelle voyageuse va chercher de plus doux climats quand la bise est venue : l'alouette réjouit du haut des airs le laboureur qui trace son sillon ; l'aigle, perdu dans les nues, fixe le soleil de son œil audacieux, et mesure des horizons sans fin.— L'humanité dit un jour : Est-ce que mon intelligence ne vaut pas les ailes de l'oiseau qui n'a que l'instinct ? est-ce qu'il ne me sera pas donné de me promener dans les plaines de l'air et de conquérir l'Océan atmosphérique, au fond duquel je rampe honteusement comme une sangsue au fond d'un marais?

Elle dit, et créa le ballon, instrument grossier aujourd'hui, qui dérive à tout vent et tourne comme un homme pris de vin, mais qui, un jour, marchera avec autant de précision dans les airs que la pointe du compas guidée sur le papier par le géomètre attentif.

Voilà le progrès dans le sens harmonique, c'est-a-dire divin, le progrès qui donne à l'humanité gloire, puissance, bonheur.

Il fut lent dans ses premières évolutions, et trébucha plus d'une fois, comme l'enfant qui s'essaie à marcher; mais, depuis la fin du dix-huitième siècle surtout, époque où le travail a rompu les liens qui le tenaient garrotté, le progrès marche la tête haute et l'œil hardi, comme un jeune homme qui a hâte de montrer ses forces nouvellement développées.

La mécanique, qu'on peut définir : l'art de créer des esclaves insensibles, d'une puissance indéfinie, destinés à remplacer les esclaves sensibles et animés qui fournissent, au milieu de la douleur, une production limitée et souvent imparfaite;

La chimie et la physique, pied droit et pied gauche d'une seule science, dont les applications successives sont appelées à transformer la surface de notre terre, que des esprits maladifs ont mal à propos appelée une vallée de larmes;

L'optique, la dioptrique, la catoptrique, ces diverses sciences qui nous donnent la connaissance des mystères des cieux; l'aimant, le magnétisme, etc., etc., auront dans ce volume chacun leur place, et l'explication la plus logique les mettra à la portée de l'intelligence la moins développée; nous ne donnons pas ici de cours approfondis, notre cadre est trop restreint; c'est un recueil de problèmes amusants puisé dans ces diverses sciences, qui doit servir dans notre livre a les rendre compréhensibles à tous.

L'ÉDITEUR.

# GUERRE AUX BANQUISTES,

## ESCAMOTAGE, PHYSIQUE,

## PRESTIDIGITATION, TRUCS DE BATELEURS,

### DOUBLE VUE, ETC., DÉVOILÉS.

La superstition est aussi ancienne que le monde. Savants et ignorants, dévots ou impies, esprits forts et esprits faibles, tous, dans tous les temps, adoptèrent plus ou moins ses erreurs et ses prestiges. Chaque jour, nos places publiques sont couvertes de diseurs de bonne aventure, et l'homme, dépourvu du sens commum, ne sait s'il doit s'égayer ou gémir en voyant la ridicule gravité avec laquelle ces impudents jongleurs débitent leurs burlesques oracles, et le sérieux grotesque avec lequel quelques niais personnages les écoutent. Voilà pourquoi nous avons mis en titre de ce chapitre : *Guerre aux banquistes.*

On entend par *banquistes* toute sorte de gens qui vont de ville en ville, pour vivre aux dépens du public qu'ils attrapent. Les uns vendent de l'onguent pour la brûlure, les autres des clous rouillés pour guérir du mal aux dents, ceux-ci font voir un bœuf à la tête duquel on a industrieusement ajouté une troisième corne ; ceux-là montrent pour de l'argent un grand jeune homme habillé en femme, qu'ils appellent une *géante ;* il y en a qui vendent des cantiques de saint Hubert, avec un petit anneau pour guérir de la peste et de la rage ; quelques-uns vendent des bouts de suif, qu'ils appellent de la *graisse d'ours,* pour faire croître lés cheveux ; d'autres font voir des singes de Ceylan et des léopards d'Afrique ; mais la plupart , pour me servir de leurs expressions , ont un *truc* pour *roustir les gonzes* , c'est-à-dire une supercherie pour attraper les honnêtes gens , et payer quelquefois leurs dettes en monnaie de singes (1).

Il y a dans cet état, comme dans beaucoup d'autres , de bons et mauvais sujets , des victimes et des coryphées. Le bon sens du public fait de jour en jour justice de la jactance de ces bateleurs ; les escamoteurs, physiciens ou soi-disant tels, ont encore un peu d'empire sur la crédulité, mais c'est à l'aide des subterfuges dont nous allons nous entretenir ici. Disons d'abord que l'étymologie du mot *escamoteur* est formé de l'espagnol *camodor*, jouer des gobelets , *camodador*, joueur de gobelets, du mot latin *commutare*, changer ; cette profession demande beaucoup d'adresse, et c'est, à vrai dire, sa seule base d'existence , quand elle est exercée sans *compère* , ou pièces mécaniques spéciales aux diverses expériences.

### *Exemples :*

## Manière de rompre un bâton

POSÉ SUR DEUX VERRES D'EAU SANS LES CASSER , NI RÉPANDRE LEUR CONTENU.

Mettez les deux verres sur deux siéges d'égale

(1) Dans le tarif qui fut fait par saint Louis pour régler les droits de péage à l'entrée de Paris, il est dit : « Le marchand qui apporte un singe pour le vendre « paiera quatre deniers ; si le singe appartient à quel- « qu'un qui l'ait acheté pour son plaisir, il ne donnera « rien ; s'il est à un joueur, il le fera jouer devant un « péager, qui se contentera de cette monnaie. » C'est de là, sans doute, que vient cet ancien proverbe populaire, *payer en monnaie de singe*, c'est-à-dire payer en gambades.

hauteur et distants d'un à trois pieds; posez votre bâton sur le bord des deux verres (fig. 1), frappez de toutes vos forces avec un autre bâton sur le milieu du premier, vous le romprez en deux sans casser les verres ; vous en feriez de même sur deux brins de paille suspendus en l'air, sans les briser. Ne voit-on pas, chaque jour, les cuisiniers rompre des os de mouton sur la main ou sur la nappe, sans le moindre danger, en frappant sur le milieu avec le dos d'un couteau? La raison de ceci est que les deux bouts du bâton rompu quittent en se rompant les deux verres, sur lesquels ils étaient appuyés, ce qui fait qu'ils ne les brisent pas, de même que l'on sépare un bâton sur les genoux , attendu qu'il cesse de les presser en se rompant.

## Le problème de Christophe Colomb,
### OU L'ÉQUILIBRE DE L'OEUF.

L'on raconte que devant le célèbre navigateur à qui nous devons la découverte du Nouveau-Monde , des seigneurs, jaloux de la gloire dont ils le voyaient entouré, parlaient comme d'un fait simple et purement de hasard de ce qui devait rendre le nom de Colomb immortel. Colomb, sans s'émouvoir, reprit: *Ma foi , messeigneurs, je me range de l'avis de celui qui fera tenir cet œuf droit sur la table* ( ils dînaient alors); chacun essaya et nul ne réussit. Colomb, frappant le sien fortement par un des bouts, le fit tenir droit , et reprit avec calme : Que de choses , vous le voyez, sont simples une fois terminées ou découvertes! Aujourd'hui , l'on a perfectionné le stratagème, pour faire tenir un œuf en équilibre sur la surface la plus plane ou l'extrémité la plus aiguë: il faut prendre un œuf frais , l'agiter fortement de droite à gauche et de haut en bas, de manière à rom-

pre entièrement la petite peau qui enserre l'intérieur
de l'œuf, et une fois rompue, la matière liquide se
répandant également au dedans, l'œuf se tiendra
facilement en équilibre partout.

## Imitation d'un volcan.

Mêlez ensemble à parties égales de la limaille de
fer et du soufre pulvérisé ; faites-en une pâte avec
de l'eau, et enfouissez le tout à un pied environ sous
terre si le temps est chaud ; vous verrez, au bout de
dix heures environ, la terre se bouleverser, se crever, puis il en sortira des flammes qui agrandiront
les ouvertures et répandront alentour une poussière jaune et noirâtre.

## Le pour-boire du pitre.

*Pitre, paillasse, bobéche*, sont synonymes, et souu
vent, dans les parades en plein vent, le public a ps
admirer l'adresse avec laquelle ils empochent le-
sous qui leur sont jetés. Voici un exemple : Placez
quelques sous en pile sur votre coude que vous tenez élevé à la hauteur de l'œil, la main renversée
près de l'oreille, puis, retirant promptement le
coude, amenez votre main un peu au-dessous de
l'endroit où il était. Si ce mouvement est fait avec
dextérité, tous les sous tomberont du coude dans la
main.

*Autre exemple :*

Levez le doigt du milieu de la main gauche ; mettez une carte en équilibre sur le bout de ce doigt,
et sur la carte posez une pièce de deux sous, dont
le centre se trouve répondre exactement à la pointe
du doigt. Tout étant ainsi balancé, donnez lestement
avec le doigt du milieu de la main droite une chi-

quenaude sur la tranche de la carte. La carte s'é-
chappera de dessus votre doigt, et la pièce de deux
sous restera ; mais il faut pour cela que la carte soit
poussée bien horizontalement, car si vous la frappez
d'en-haut ou d'en-bas, elle entraînera la pièce avec
elle.

## Le dessert du jongleur.

Il peut paraître assez plaisant, lorsque vous faites
des tours de sociétés, de saisir brusquement une des
chandelles qui vous éclairent, et de vous mettre à la
manger, sans en rien laisser. Cela peut se faire sans
que vous ayez le goût assez dépravé pour manger
du suif. Il suffit de préparer à l'avance la chandelle
que vous destinez à cet usage. Vous prendrez donc
une grosse pomme, et vous la taillerez aussi exactement que possible en forme de chandelle. Vous
planterez à l'un des bouts une cuisse de noix que
vous taillerez comme une mêche, et dont vous noir-
cirez l'extrémité en l'allumant un instant. Quand
vous voudrez vous en servir, vous sortirez avec une
chandelle ordinaire , comme pour aller chercher
quelque chose , et vous rentrerez avec votre chandelle préparée, que vous aurez substituée à l'autre ,
et que vous apporterez toute allumée. La noix peut
en effet brûler quelques moments à cause de l'huile
qu'elle contient. C'est alors que vous pourrez saisir
la prétendue chandelle à la vue de la société, la souffler, la mettre dans votre bouche, la mâcher et l'a-
valer, le tout sans qu'il en coûte à votre délicatesse.

## Faire passer un œuf dans une bague.

En trempant un œuf dans du vinaigre, il devient
flexible et s'allonge à volonté ; dans l'eau il reprend
sa forme ordinaire. Un œuf surnage sur l'eau salée,
et il s'enfonce dans l'eau douce.

## Moyen de toucher un fer rouge

### SANS SE BRULER.

Mêlez un peu de savon dans une solution d'alun bouillante ; se frottant avec, on se rend incombustible, ainsi que les étoffes qui en ont été imprégnées.

## Moyen de fondre le fer en un instant.

Chauffez une barre de fer à blanc, présentez-lui un bâton de soufre, il se mettra en fusion, et fondra en gouttes ; en les recevant dans l'eau, on aura de la grenaille pour la chasse.

## Échange d'une bouteille de vin

### EN UNE D'EAU.

Ayez une bouteille de vin et une d'eau (il faut que le goulot de celle-ci soit étroit, afin qu'il entre dans l'autre), introduisez-le promptement en le renversant dans celui de vin, et l'eau descendra en même temps que le vin remontera.

## Faire changer une rose de couleur.

Jetez un peu de soufre en poudre sur du charbon, faites-en recevoir la vapeur à une rose rouge épanouie, elle deviendra blanche ; en la mettant dans l'eau, elle reprendra sa couleur.

## Escamotage d'une pièce de monnaie.

Chacun sait comme il est facile de laisser glisser une pièce de monnaie dans sa manche, dans la gibecière ou d'une main dans l'autre. Ce tour offre plus d'intérêt lorsque l'on colle une pièce de billon contre une d'argent de même grandeur, attendu qu'ouvrant, tournant ou fermant la main, la même pièce paraît successivement changer en pièce d'argent ou de cuivre.

## Pièce d'argent fondue dans la main.

Composez un amalgame de mercure et de râpure de plomb ou d'étain; ce mélange est fort mou, et la chaleur de la main le fait fondre instantanément; l'on se fait donner dans la société une pièce de 5 fr. que l'on escamote, et, feignant de la cacher dans la main où l'on tient la composition susdite, on la laisse répandre à terre entre ses doigts.

## Télégraphie par le secours de l'aimant.

En 1851, j'achetai à Londres, au Théâtre de sa Majesté (Majesty's Theatre), un journal dont je regrette de ne pas avoir conservé le titre, et dans lequel, en parlant d'une expérience récente, couronnée de succès, l'on racontait la correspondance que deux individus éloignés l'un de l'autre, à grande distance, avaient tenue ensemble avec le simple emploi d'aiguilles aimantées; ils s'étaient composé un alphabet au centre duquel était supportée l'aiguille ainsi que dans une boussole, alors, attirant la pointe aimantée sur telle ou telle lettre, assemblant des mots, puis des phrases; l'aiguille du second indiquait ou plutôt exécutait la même épellation que celle du premier.

J'ignore jusqu'à quel point l'on peut ajouter foi à la feuille britannique, enfin il est facile à chacun de l'essayer.

## Moyen d'aimanter une lame d'acier
### SANS LE SECOURS D'AUCUN AIMANT.

Prenez un morceau de ressort de pendule d'environ 10 cent. de long, détrempez-le, ayez ensuite une pelle de foyer et des pincettes les plus longues possibles (voy. fig. 2). Tenez verticalement la pelle entre vos genoux, fixez solidement vers le sommet A, et avec un cordon de soie, votre lame d'acier, afin qu'elle ne puisse pas glisser ; tenez tournée vers la terre la partie que vous destinez à vous servir de nord. Alors, tenant vos pincettes verticalement, frottez avec et fort une quinzaine de fois sur votre lame d'acier, toujours en allant du bas en haut, elle acquerra une vertu magnétique assez puissante pour lever de petits morceaux de fer. Aimantez par ce moyen le nombre qu'il vous plaira de lames, et, jointes en faisceau, leur force réunie vous permettra, non-seulement d'enlever des objets plus lourds, mais encore de pouvoir aimanter d'autres pièces sans aimant.

## Lunette magnétique.

Ayez un tube d'ivoire le plus transparent possible, d'environ 7 cent. 1|2 de hauteur, ayant la forme indiquée comme fig. 3, que les deux pièces A et B, destinées à en fermer les extrémités, y entrent à vis ; conservez au-dessus du tube, vers A, une portée propre à recevoir un oculaire ou loupe D, dont le foyer doit avoir 7 cent. (voy. fig. 4). Disposez l'ouverture du cercle d'ivoire B de manière à pouvoir y fixer un verre quelconque E, que vous tapisserez à l'intérieur d'un papier noir et d'un cercle en carton ; fixez un pivot F au milieu de ce cercle ou disque ; posez sur ce pivot une petite aiguille aimantée G, moins grande que le diamètre intérieur ; couvrez ce disque d'un verre qui puisse maintenir l'aiguille et l'empêcher d'abandonner son pivot ; en un mot, c'est absolument une boussole fixée au fond de votre tube d'ivoire, dont la transparence doit permettre de voir l'aiguille fonctionner, et dont l'oculaire sert à distinguer les chiffres ou caractères qui doivent figurer sur le cercle de carton placé au fond de cette lunette. D'ailleurs, il faut donner à cet instrument extérieurement tout l'aspect d'une lunette, afin de faire croire que l'on aperçoit par son secours les objets cachés ou enfermés dans différentes boîtes.

Ayant suivi cette instruction, si votre lorgnette se trouve posée à petite distance et au-dessus d'u.. barreau aimanté, ou d'une boîte renfermant un objet caché, l'aiguille aimantée qui y est contenue se tournera forcément du côté du barreau, et marquera conséquemment le nord ou le sud, en sens opposé à celui du barreau; il faut éviter un trop grand éloignement, sans quoi l'indication serait fausse, l'action étant insuffisante.

## Palingénésie,

REPRODUCTION OU RÉGÉNÉRATION D'UN CORPS DÉTRUIT, DE SON IMAGE, PAR LA RÉUNION DE SES PREMIERS ÉLÉMENTS.

Prenez une tablette de bois A, B, C, D (fig. 5) d'un cent. 1|2 d'épaisseur et 20 à 25 cent. carrés, fixée sur un pied C; dessinez dessus une fleur ou autre figure à votre choix, ensuite découpez ce dessin à jour et remplissez les vides avec de la cire molle, dans laquelle vous enfoncerez dans tous les contours du dessin le plus possible de petits fragments d'aiguilles aimantés, recouvrez votre tablette en papier, dessus et dessous, que vous collez sur les bords après l'avoir humecté.

Cela terminé, faites tirer une carte ou une fleur, semblable à celle qui est tracée sous le papier de votre tablette (fig. 6); brûlez-la ensuite devant la société, dans une boîte de tôle où vous aurez d'avance introduit de la limaille de fer ; secouez ensemble le tout, en le versant sur un tamis ; puis, annoncez à la société que vous allez faire revivre le dessin brûlé. Le fait est facile, car en tamisant sur votre papier, la limaille de fer se fixera sur tous les contours tracés sur la tablette, et qu'il cachait aux yeux. Si le dessin n'est pas net, soufflez légèrement la cendre.

## La découverte inconcevable.

Il y a 40,320 manières différentes de construire le vers latin :

*Tot sunt tibi dotes quot cœlo sidera virgo,*

dont une grande partie n'en dérange ni la mesure ni le sens. A l'aide de la boîte dont nous allons donner ici la description, il faut découvrir l'ordre dans lequel une personne aura classé les huit mots qui le composent.

Ayez une boîte très-plate, fermant à charnière et de 17 cent. de long sur 7 de large, profonde seulement de 9 à 10 mill. (fig. 7) ; faites huit tablettes A B C D E F G H, de 7 mill. d'épaisseur et de grandeurs égales, en sorte qu'étant introduites toutes les unes auprès des autres dans la boîte, elles la remplissent hermétiquement ; ayez soin que le couvercle de cette boîte soit fort mince.

Après avoir décrit un cercle sur chaque tablette, et l'avoir divisée en huit parties égales, tracez-y une forte rainure pour y loger une petite lame aimantée, dont vous disposerez les pôles comme il est indiqué fig. 7 ; couvrez ensuite ces tablettes avec du papier comme pour le tour précédent, en inscrivant sur chaque division un des mots du vers latin *Tot sunt, etc.*

Maintenant ayez une boîte exactement de la même dimension que celle-ci, mais un peu plus profonde (fig. 8); couvrez-en le fond en papier, reproduisez les huit cercles A B C D E F G H dont les centres doivent correspondre à ceux des huit tablettes renfermées dans la boîte précédente; lorsqu'elles sont posées l'une sur l'autre, divisez chacun de ces cercles en huit parties égales, comme le désigne la fig. 8. Tracez dans chacune de ces huit divisions un des mots composant le vers latin, en observant exactement l'ordre indiqué, afin que les deux boîtes posées l'une sur l'autre, les huit aiguilles aimantées se placent (en tournant sur leurs pivots) sur des mots semblables à ceux qui ont été inscrits sur les tablettes correspondantes, pour pouvoir saisir, par ce moyen, l'ordre et la construction qu'on aura données à chacun d'eux.

Donnant les huit tablettes à quelqu'un, on lui fera observer qu'il peut secrètement les classer, à son gré, dans l'ordre qui lui plaira, lui recommandant de fermer la boîte et de la couvrir d'un papier soigneusement cacheté.

Passez alors dans la pièce voisine, posez cette boîte sur celle que vous avez conservée, immédiatement les aiguilles de celle-ci se placent en correspondance avec les mots cachés; vous les transcrivez promptement et vous les venez annoncer, en faisant bien observer que la boîte que l'on vous a remise n'a subi aucune violation.

### Boîte aux nombres.

Ayez une petite boîte en bois de noyer d'environ 15 cent. de long sur 3 cent. de large, et fermant à charnières (fig. 9); pour le service de cette boîte, faites dix tablettes de bois de 5 à 6 mill. d'épaisseur (fig. 10), dont trois seulement pourront s'adapter à l'intérieur.

Décrivez un cercle sur chacune de ces tablettes, que vous divisez ensuite en dix parties égales (fig. 10), et tirez par les points de division les lignes A 1, A 2, A 3, A 4, A 5, A 6, A 7, A 8, A 9, A 0 ; de sorte que, convertissant ces lignes en rainures pour placer de petites lames aimantées, retenues par de la cire molle, vous en dirigerez les pôles comme il est indiqué sur ces tablettes (fig. 10). Une fois recouvertes d'un papier blanc, transcrivez sur chaque tablette les dix chiffres de 1 à 0 ; placez au fond de la lunette magnétique, décrite page 16, un petit cadran de papier divisé en dix parties, comme le désigne la fig. 11, et transcrivez ces dix chiffres dans chacune des divisions.

Tracez aussi sur ce cadran la petite flèche A B, dont la pointe réponde au chiffre 1, renfermant trois des dix tableaux dans votre boîte, en posant la lunette, sur son couvercle, perpendiculairement sur chacune des tablettes qui y sont contenues. Vous observerez qu'à chaque position diverse la petite flèche tracée sur le cadran soit bien en regard de la charnière de la boîte. L'aiguille enfermée dans la lunette, prenant les mêmes directions que les barreaux, vous indiquera sur ce cadran les chiffres qui sont transcrits sur ces tablettes.

Laissant faire la première personne venue avec trois de ces dix chiffres un nombre quelconque, avec le secours de la lunette, on lui dira, sans ouvrir la boîte, le nombre qu'elle aura formé, lui persuadant l'apercevoir à travers du couvercle.

### L'équilibre impossible.

Faites asseoir une personne sur un cylindre ou

sur une bouteille de bois, dont le goulot soit placé entre ses jambes, et tourné du côté des pieds ; cette personne devra être assise de manière à croiser une jambe sur l'autre par-dessus un bâton allant s'appuyer à terre par un bout et par l'autre contre son ventre ; étant ainsi dans un équilibre parfait, mettez-lui dans une main une chandelle allumée, et, dans l'autre, une chandelle éteinte, il lui sera extrêmement difficile, en conservant l'équilibre, d'allumer une chandelle avec l'autre.

### Le rapprochement difficile.

Deux personnes se mettent à genoux en face l'une de l'autre, mais sur un seul genou ; l'autre jambe reste suspendue en l'air. L'on donne à tenir à l'une une chandelle allumée, et à l'autre une chandelle éteinte ; cette dernière doit chercher à l'allumer sur l'autre ; la difficulté naît alors du balancement continuel produit par le manque d'équilibre, et l'on ne réussit pas toujours.

### La figure sensitive.

Prenez une lame mince de colle forte, de colle de poisson ou de papier gélatine ; peignez dessus toutes sortes de sujets, des serpens, des oiseaux, des fleurs, des personnages, et découpez-les : ces petites feuilles peintes mises sur la main, pénétrées de la chaleur par l'humeur de la transpiration, se courbent, se roulent en sens divers, et font des mouvements à la manière des êtres animés.

En peignant un petit enfant (fig. 14), l'on peut à une femme poser des questions qui l'embarrasseraient bien, si comme préambule on annonçait que la figure servirait d'oracle dans la main à telle ou telle demande adroite et piquante ; par contre-partie, si vous aviez besoin d'une figure négative, faites-en une exacte à la première, mais en parchemin.

## Le pont du diable.

Pour construire sur trois piliers, avec trois solives trop courtes, il suffit de copier la figure 15 ; exécutée avec des couteaux, l'exercice est simple, mais incontestablement sûr. Avec la reproduction proportionnée de ce tour, l'on pourrait jeter un pont solide.

## Suspension d'un seau plein d'eau

### PAR UN BATON AU BORD D'UNE TABLE.

Placez le bâton C D sur la table A B (fig. 16), et sur ce bâton, passez l'anse H I. Inclinez l'anse de manière que le milieu du seau soit en dedans du rebord de la table ; fixez les choses dans cette situation par un bâton G F E, qui s'appuie d'un bout contre l'angle G du seau, de son milieu contre le bord F, et par son extrémité contre le premier bâton C D en E où doit être pratiquée une entaille pour le retenir.

Le seau reste fixe dans cette situation, et l'on peut le remplir d'eau ; car son point de gravité, passant par le point I, rencontre la table, et c'est comme si le seau était suspendu à ce point.

## Tour des trois bâtons.

Prenez le premier bâton A B (fig. 17) et appuyez-en l'extrémité A sur une table, en tenant l'autre élevé, le bâton ainsi incliné à angle fort aigu ; appuyez dessus le deuxième bâton C D, de sorte que le bout C soit celui qui porte sur la table ; enfin disposez le troisième bâton E F, de manière qu'il pose par son bout **E** sur la table, qu'il passe au-dessous du bâton **A B** du côté du bout élevé **B**, et s'appuie sur le bâton **C D**; ces trois bâtons se trouveront par là engagés de telle sorte que leurs bouts **D B F** resteront nécessairement en l'air, en se supportant les uns les autres.

## Tour de la pomme divisée

### SANS ÊTRE PELÉE.

Faites passer une longue aiguille avec son fil sous l'écorce d'une pomme, et en rond à diverses reprises, jusqu'à ce qu'ayant fait le tour, vous arriviez au lieu d'où vous êtes parti; alors, tirant adroitement les deux bouts de votre fil ensemble, vous partagez la pomme intérieurement tant qu'il vous plaira. Les trous de l'aiguille ne seront pas apparents, et la pomme ne paraîtra séparée qu'après l'écorce ou peau enlevée.

## Boîte aux fleurs.

Faites une boîte de 12 à 15 cent. de haut, sur 5 d'épaisseur (voy. fig. 18), que son couvercle **B** soit fort mince et s'introduise dans le pied **A**, à vis; ce pied ou dessous doit recevoir un petit vase **C**, percé en son milieu, pour y recevoir le bas de la tige de deux fleurs artificielles de formes diverses **F G**. Servez-vous, pour construire ces tiges, d'une petite tringle d'acier ou fil, trempé, poli et fortement aimanté, en observant que le côté du nord de ces deux tringles doit être à l'une celui qui sera fixé dans le vase, tandis que l'autre formera le sommet de la tige : formez de petits branchages également en fil de fer ou acier, puis, vous recouvrez le tout en soie verte, après avoir ajusté dessus les feuilles et fleurs qui doivent composer ces deux différents petits bouquets.

Toujours à l'aide de la lunette magnétique décrite plus haut, on reconnaîtra la direction de l'aiguille qui y est enfermée, si l'on a introduit ou non des fleurs dans l'intérieur de la boîte, attendu que lorsqu'une des fleurs F sera fixée dans la boîte, le nord de la branche qui forme la tige principale se trouvera tourné du côté du vase; si c'est la fleur G, ce sera le sud de sa tringle qui sera tournée de ce côté.

En présentant cette boîte et les deux fleurs à une personne, en lui laissant la liberté d'introduire secrètement celle qu'elle voudra, en prenant la boîte fermée, avec la lunette, il sera facile de dire quelle fleur vient d'y être fixée.

## Moyen de tenir un bâton
### EN ÉQUILIBRE SUR LE BOUT DU DOIGT.

Fixez au bout d'un petit bâton deux couteaux disposés comme dans la figure 19; dans cette situation, le centre de gravité du bâton et des couteaux doit se trouver en dessous du point de suspension. C'est d'après le même principe que l'on fait tourner trois couteaux sur la pointe d'une aiguille, comme on le voit fig, 20, que l'on peut, sur une aiguille fixée perpendiculairement, poser une assiette, un plat ou même une pierre ronde, quel qu'en soit le volume et le poids, du moment qu'on en aura trouvé exactement le centre.

## Récréations de physique sur l'air.

L'air, par sa fluidité, par sa ténuité, par sa pesanteur et par son ressort, est, après le feu, le plus puissant agent de la nature.

Il est un des grands principes de la végétation des plantes et de la circulation des liqueurs dans tous les corps organisés. Il est le véhicule et réceptacle des particules qui s'exhalent des différentes matières ; et si nous avions les yeux assez perçants pour pénétrer dans sa substance, nous y verrions l'abrégé de tous les corps qui existent sur la surface de notre globe. Des vapeurs et des exhalaisons qu'il porte dans son sein et qu'il disperse partout, naissent les météores *aqueux* et *ignés*, si utiles, mais quelquefois si redoutables.

Non seulement l'air reçoit les corps, il entre encore dans leur composition. Dépouillé de son élasticité, il s'unit aux particules qui le composent et augmente leur masse. Mais plus inaltérable que l'or, il reprend sa première nature lorsque ces corps s'altèrent ou se décomposent.

Troublé dans son équilibre par l'action du feu ou par quelque autre cause, il enfle les voiles de nos vaisseaux, et pousse vers nos contrées ces riches flottes destinées à y faire régner l'abondance. Devenu impétueux, il cause des tempêtes et des ouragans, mais cette impétuosité même a son utilité : l'air se dépouille ainsi des vapeurs nuisibles, et les eaux agitées violemment par son souffle, sont préservées d'une corruption fatale.

Enfin l'air est le véhicule du son et des odeurs, et, sous ces nouvelles relations, il tient essentiellement à deux de nos sens.

Les vibrations partiales, que la commotion excite dans le corps *sonore*, se communiquent à tous les globules d'air qui environnent immédiatement ce corps. Ces globules excitent de semblables vibrations dans ceux qui leur sont contigus ; et ce jeu continue de la même manière jusqu'à des distances qu'on ne saurait déterminer. Une membrane fine et élastique, tendue au fond de l'oreille comme la peau d'un tambour, reçoit ses ébranlements et les fait passer à trois osselets, mis bout à bout, qui les communiquent, à leur tour, à des cartes osseuses et tortueuses, tapissées intérieurement de filets nerveux, qui aboutissent par un tronc commun au cerveau. Le plus ou le moins de promptitude dans les vibrations produit sept tons principaux, analogues aux couleurs primitives. Du rapport combiné des différents tons naît l'harmonie.

Les corpuscules infiniment déliés qui se détachent continuellement de la surface des corps odoriférants nagent dans l'air, qui les transporte partout, et les applique aux membranes nerveuses répandues dans les cavités osseuses de l'intérieur du nez. Les ébranlements que ces corpuscules y occasionnent passent ensuite au cerveau par le prolongement des filets nerveux.

## Imitation de la pluie

ET DE LA GRÊLE PAR L'ÉBRANLEMENT DE L'AIR.

Découpez à jour, de leur centre à leur circonférence, une vingtaine de cercles dans un morceau de carton fort (voy. fig. 21). Après les avoir percés d'un trou de 4 cent. de diamètre chacun, joignez-les ensemble en les appliquant et collant par le côté coupé C du cercle A, au côté coupé D de celui B, et toujours ainsi jusqu'au dernier ; ces divers cercles réunis en une seule pièce forment, étant allongés, une figure de vis. Lorsqu'ils sont bien secs, passez au travers des trous une tringle de bois, sur laquelle vous les espacez de 12 à 15 cent., collez-les dans cette position avec de la colle forte, formez ensuite une douille ou étui de papier sur toute la longueur, fermez solidement une des extrémités , veillez à ce que ce recouvrement soit bien tendu sur tous les cercles. Lorsque ce petit appareil est bien sec, introduisez dedans une livre de plomb de chasse n° 10 ou 12, plus ou moins, suivant la longueur de votre tube, et fermez solidement d'un triple papier la dernière ouverture.

Alors, en élevant doucement ou fortement ce tube rempli de petits plombs , la cascade lente ou agitée qu'il produit en se heurtant sur les cercles superposés ou les parois de sa prison , il imitera de la manière la plus complète le bruit de la pluie ou de la grêle : il faut peu d'exercice pour produire illusion.

## Description du thermomètre.

Cet instrument indique les degrés de la chaleur et du froid actuel (fig. 22).

Le thermomètre est un instrument de physique destiné au simple usage de marquer le degré de chaleur ou de froidure, soit naturelle, soit artificielle, en comptant 80 degrés depuis la glace ou la chaleur, et zéro jusqu'à l'eau bouillante où elle est à 80 degrés.

On sait que l'esprit de vin, enfermé dans le tube de verre , est la liqueur la moins susceptible de se congeler, et qu'elle a la propriété de se dilater par la chaleur, et de se condenser par le froid de manière à monter dans le premier cas et à descendre dans le second , puisqu'elle occupe alors ou plus ou moins de place dans le tuyau ou verre capillaire.

Les thermomètres sont de toutes dimensions ; il y en a de longs et de courts, de grands et de petits, de salon et portatifs.

## Le baromètre.

Cet instrument annonce la pluie et le beau temps, ou l'humidité et la sécheresse de l'air.

Le baromètre est un instrument de physique destiné au double usage de marquer le poids de l'air atmosphérique par l'élévation du mercure dans un tube de verre de quelques pouces de longueur, et l'état de l'atmosphère sous le rapport du temps qu'il fait.

L'on attribue cette invention à Toricelli, élève de Galilée, en 1643. On sait que le poids de 27 pouces de mercure fait équilibre et répond au poids ordinaire de l'air de la colonne atmosphérique, et comme cet air est plus ou moins rare ou léger, plus ou moins dense ou lourd, il s'ensuit que le mercure doit baisser dans le premier cas et hausser dans le second, lorsqu'il est dans un tube de verre où il n'a liberté que de suivre des mouvements d'ascension et d'abaissement du tuyau percé dans sa longueur.

Les baromètres ont tous la même dimension ; les uns sont portatifs, ils ne marquent que le poids de l'air, les autres sont des ornements de salon et ont pour objet de marquer les changements de temps qui sont toujours en rapport avec le poids de l'air.

Le poids d'un litre d'*air sec*, déterminé par la machine *pneumatique* inventée par Otto de Guericke, en 1650, est égal à 1 gramme 3 déc. Donc, une chambre, qui aurait 3 m. de haut, 5 de large et 8 de long, contiendrait 120 m. cubes ou 120,000 litres d'air, pesant 156 kil. à peu près. Cela doit suffire pour expliquer le poids considérable et la résistance de l'air pris sous un grand volume.

# De la gnomonie.

La gnomonie est l'art de tracer sur un plan ou une surface quelconque un cadran ou figure solaire qui, sur une partie divisée, marque par l'ombre d'un style les différentes heures de la journée.

Ce corps est appelé *axe*, lorsqu'il est parallèle à l'axe du monde, et son ombre couvre toutes les lignes des heures. On l'appelle *style*, s'il est posé de telle sorte qu'il n'y ait que sa pointe qui aboutisse à quelque point de l'axe, et pour lors il n'y a que sa pointe qui marque l'heure.

## Manière d'avoir l'heure

AVEC LE SEUL SECOURS DE LA MAIN (voir la fig. 23).

Pour faire cette expérience, taillez de la longueur du doigt index (c'est-à-dire celui qui vient après le pouce), à partir de sa racine jusqu'à son extrémité supérieure, un brin de paille ou une allumette, ensuite étendez la main gauche à plat, et le plus horizontalement possible, ayant le pouce fermé le long du doigt index. Tenez le brin de paille que vous avez taillé perpendiculairement entre le pouce et l'index ; présentez ainsi votre main au soleil, les doigts bien également étendus, puis, tournez votre main de telle sorte que l'ombre du muscle (c'est-à-dire la chair qui est au-dessous du pouce) parvienne jusqu'à la ligne du milieu de la main.

Ceci fait, l'extrémité de l'ombre du brin de paille portant au bout de l'index marquera 5 heures du matin et 7 heures du soir, la fin de l'ombre portant au bout du doigt majeur 6 heures du matin et 6 heures du soir.

Lorsque cette ombre arrive au bout du doigt annulaire, elle marque **7** heures du matin et **5** heures du soir.

Au bout du petit doigt, elle marque **8** heures du matin et **4** heures du soir.

Lorsque cette ombre arrive à la première jointure du petit doigt, elle marque **9** heures du matin et **3** heures du soir.

Lorsqu'elle arrive à la seconde jointure du petit doigt, elle marque **10** heures du matin et **2** heures après midi; en arrivant à la dernière jointure du petit doigt, elle marque **11** heures du matin et une heure après midi.

Enfin, lorsque l'ombre arrive sur la ligne de la main la plus voisine du petit doigt, elle marque midi. (Voir la ligne indiquée A sur la figure.)

Pour ne pas confondre **11** heures du matin avec une heure, on fera bien de recommencer l'expérience 1|4 d'heure après. Si l'ombre descend, elle marquait **11** heures ; si, au contraire, elle remonte, elle marquait une heure.

### Horloges solaires physionomiques.

Dans les épigrammes grecques, on trouve décrite une horloge bizarre qui serait basée sur un visage réputé parfait, d'après les proportions que nous donnons plus loin. Pour prouver que l'homme à l'état de nature n'a besoin d'aucun instrument pour connaître la marche du temps que Dieu lui a donné à parcourir, il suffirait que l'homme n'eût qu'à ouvrir la bouche grande pour connaître l'heure par l'ombre que son nez renverrait sur telle ou telle dent, supposant son râtelier complet, et un partenaire pour en être juge.

Nous offrons cette expérience à la méditation des Désirabode, des Williams Rogers, des Fattet, etc.

### Horloges horticoles.

Au milieu d'un jardin anglais, composez un cadran avec des petits buissons de thim, de bois, etc.,
répondant aux heures, et pour style ou aiguille,
placez au centre un panonceau indicateur du vent,
qui servira ainsi à deux fins.

### Horloge solaire allemande.

Placez hors de la maison un petit miroir, sur lequel viendront se réfléchir les rayons solaires; faites-en passer la réflexion à travers un trou quelconque, dans le lieu qui vous plaira reproduire les
heures sur un cadran intérieur, ou sur un ou plusieurs miroirs, pour, par ce moyen, faire parvenir
l'heure dans tous les endroits que vous voudrez.

Il est bien entendu qu'à chaque miroir doivent
être indiquées les heures.

### Horloge d'eau décrite par Vitruve.

Ayez un vase plein d'eau en forme de chaudron,
et un autre verre semblable aux cloches avec lesquelles on couvre les melons ; que ce vase de verre
soit presque aussi large que le chaudron et qu'il
n'ait qu'un petit trou au milieu ; quand on le mettra sur l'eau, il s'abaissera à mesure que l'air sortira, et par ce moyen, en constatant le temps qu'il
mettra à s'enfoncer, on pourra indiquer les heures
sur sa surface, afin de s'y régler une autre fois.

### Des aérostats,

DE L'AIR, DU GAZ HYDROGÈNE.

Le transport par air est sujet à des catastrophes
tellement tragiques, que je pardonne seulement à
la science les voyages aériens. Lors de la bataille de
Fleurus, des aérostiers furent chargés d'examiner

les mouvements de l'ennemi. Ce corps avait été institué pour suivre les opérations de l'armée du nord.

Lors de l'expédition d'Egypte, Napoléon fit également usage des aérostats. — Il avait espéré que la merveilleuse découverte de Montgolfier agirait puissamment sur les imaginations de l'Orient ; mais le but qu'il s'était proposé n'obtint aucun résultat.

La pensée primitive de Montgolfier, en inventant l'aérostat, et, plus tard, de Garnerin en inventant le parachute, était d'employer l'un et l'autre à pénétrer dans les places fortes bloquées.

Depuis que Montgolfier fit sa première ascension d'un ballon à Annonay, en présence des Etats du Vivarais ; depuis la mort affreuse de Pilâtre des Rosiers, vingt aéronautes peut-être ont été précipités de la nacelle aérienne et se sont brisés à terre.

Malgré ces terribles exemples, la race des aéronautes ne se décourage pas.

Le premier aérostat qui s'éleva dans les airs était un globe de toile ou de papier. Charles le physicien y substitua un taffetas rendu imperméable par la dissolution du caoutchouc dans la térébenthine. Néanmoins la direction des aérostats, en dépit des Petin, des Poitevin, des Godard, etc., est encore un problème.

## Construction des ballons

### A GAZ HYDROGÈNE.

Si vous remplissez d'air une vessie en soufflant dedans, et que vous la plongiez dans l'eau, aussitôt que vous la lâcherez, elle remontera au-dessus, parce que l'air qu'elle contient est plus léger que l'eau. Vous pourrez même remplacer la vessie par un corps plus lourd, et le même effet aura lieu tant que ce corps et l'air contenu dedans pèseront ensemble moins qu'une quantité d'eau d'un égal volume. La même raison explique comment les ballons s'élèvent dans l'air ; c'est qu'ils contiennent un corps plus léger que l'air, et que, tout compris, ce corps et son enveloppe pèsent moins qu'une égale étendue d'air. Mais l'air étant lui-même fort peu pesant, si l'on veut que l'expérience, faite en petit, puisse réussir, on est forcé de prendre pour enveloppe quelque chose d'extrêmement léger. Une vessie serait trop lourde ; la *baudruche*, espèce de peau qui se fabrique avec la membrane interne de l'un des intestins du bœuf, et qui est extrêmement mince et légère, est ce qu'il y a de mieux pour cet usage : encore faut-il que le ballon soit d'une certaine grosseur, autrement il ne s'enlèverait pas. On vend de ces ballons tout faits.

Ce corps dont on se sert pour remplir les ballons, et qui, avons-nous dit, est plus léger que l'air, c'est le *gaz hydrogène*. Voici la manière de se le procurer.

Mettez dans une bouteille de la limaille de fer, et versez dessus un mélange d'eau et d'acide sulfurique. L'eau doit entrer pour six parties dans ce mélange, et l'acide seulement pour une ; ainsi vous pèserez, par exemple, une once d'acide et six onces d'eau.

La vapeur qui s'élève, au moment où le mélange est versé sur la limaille de fer, est le gaz hydrogène ; il ne s'agit plus que d'adapter, sans retard, l'ouverture d'un ballon au goulot de la bouteille, et de ne laisser aucune autre issue au gaz, jusqu'à ce que le ballon soit plein. Alors on le bouche avec soin, et on l'attache à une ficelle, au moyen de laquelle on est sûr de ne pas le perdre, et de le faire

descendre à volonté. Il faut avoir soin de ne pa[s]
trop enfler le ballon, s'il doit se trouver exposé a[u]
soleil ; sans cette précaution , le gaz , dilaté par l[a]
chaleur, crèverait son enveloppe.

## Lettre sympathique

### LISIBLE AU GAZ HYDROGÈNE.

Pendant que nous nous occupons du gaz hydro[-]
gène , disons qu'en écrivant sur du papier fort e[t]
bien collé, avec de l'eau végéto-minérale ( solutio[n]
dans l'eau du sur-acétate de plomb), cette écritur[e]
devient visible et paraît argentée quand on l'expos[e]
à la vapeur du gaz hydrogène sulfuré, ou qu'on e[n]
mouille les caractères avec de l'eau qui en est im[-]
prégnée.

## De l'hygromètre.

L'hygromètre est un instrument servant à fair[e]
connaître les différents degrés de sécheresse o[u]
d'humidité de l'air.

Il y en a de bien des sortes, dans la compositio[n]
desquels on emploie diverses matières susceptible[s]
de s'allonger ou raccourcir aux différentes tempé[-]
ratures ; communément l'on se sert de corde [à]
boyau, dont le relàchement ou la tension fait haus[-]
ser ou baisser une pièce ou aiguille fixée à l'un[e]
des extrémités et se promenant sur une partie d[i]
visée à cet effet.

## L'araignée hygromètre.

L'on vient de faire récemment une découvert[e]
qui ne manque pas d'intérêt. Lorsqu'il doit faire d[u]
vent ou de la pluie, l'araignée raccourcit beaucou[p]
les derniers fils auxquels sa toile est suspendue, et [la]
laisse dans cet état tant que le temps reste variable[.]

Si l'insecte allonge ses fils, c'est du beau temps, et l'on peut juger de sa durée d'après le degré de longueur de ces mêmes fils. Si l'araignée reste inerte, c'est signe de pluie ; si, au contraire, elle se remet au travail pendant la pluie, c'est que celle-ci sera de peu de durée et suivie du beau temps fixe.

Des observations longues et patientes ont démontré que l'insecte fait des changements à sa toile toutes les vingt-quatre heures, et que, si ces changements se font le soir, un peu avant le coucher du soleil, la nuit sera belle et claire.

### Thermoscopes ou tâte-pouls.

Prenez un tube de verre terminé aux deux extrémités par une boule sphérique (fig. 24) ; après avoir vidé d'air l'instrument, mettez-y un peu d'esprit de vin coloré. Lorsque vous appliquerez la main sur une des boules, l'esprit s'élancera avec rapidité vers la boule opposée avec une vivacité graduée à la force de la chaleur qu'on lui fera supporter ainsi, suivant le plus ou moins de chaleur de la main qui pressera l'une de ces boules, si l'on marque sur l'autre des degrés de bas en haut. On pourra, avec cet instrument, juger de la vitalité ou de la caloricité relative.

### Machine hydraulique et physique.

Ayez deux tubes de verre ou tâte-pouls, indiqués ci-dessus, que vous introduisez dans deux petites colonnes d'environ 2 pieds d'élévation, fixées par la base à une distance de 8 pouces l'une de l'autre ; sur une planche oblongue, deux petits tuyaux de verre passent d'une colonne à l'autre, en suivant une direction inclinée sur l'horizon (voir la fig. 25) ; introduisez, au moment de vous en servir, du sable chaud dans lesdites colonnes , alors la liqueur coulera et montera par le tuyau inférieur pour aller de l'une à l'autre colonne, puis descendra et toujours *vice versâ*, imitant parfaitement le bouillonnement des tâte-pouls tenus à la main.

L'effet produit peut s'expliquer ainsi. La chaleur de la main dilate et grossit la bulle d'air A B (fig. 24). Par cette dilatation, la liqueur est forcée de céder une partie de l'espace qu'elle occupe dans la boule inférieure, et de monter du point E au point F. Quand la bulle d'air est assez raréfiée pour occuper toute la partie supérieure de la boule jusqu'au point C, elle peut s'échapper en partie par le tuyau, parce qu'alors sa légèreté spécifique la porte sans obstacle vers la boule supérieure. Elle ne peut monter ainsi sans pousser devant elle une partie de la liqueur, ce qui diminue un peu sa vitesse, et donne le temps de la suivre des yeux dans sa marche ; mais comme sa légèreté l'oblige de monter le long de la paroi supérieure du tuyau, la liqueur qui vient d'être poussée en haut descend en même temps par sa propre gravité le long de la paroi inférieure pour s'emparer de l'espace que la bulle d'air vient de quitter : en descendant assez rapidement pour qu'on ne fasse pas attention à son passage, cette liqueur apporte avec elle de l'air condensé par la fraîcheur respective de la boule supérieure, qui, dans notre supposition, ne reçoit d'autre chaleur que celle de l'atmosphère. Cet air étant raréfié de nouveau par la chaleur de la main ou du sable qui touche la boule inférieure, est bientôt obligé de remonter comme le premier, et par la même raison jusqu'à ce qu'on ôte la main, ou jusqu'à ce que le sable soit refroidi : ce sable peut rester chaud environ une demi-heure.

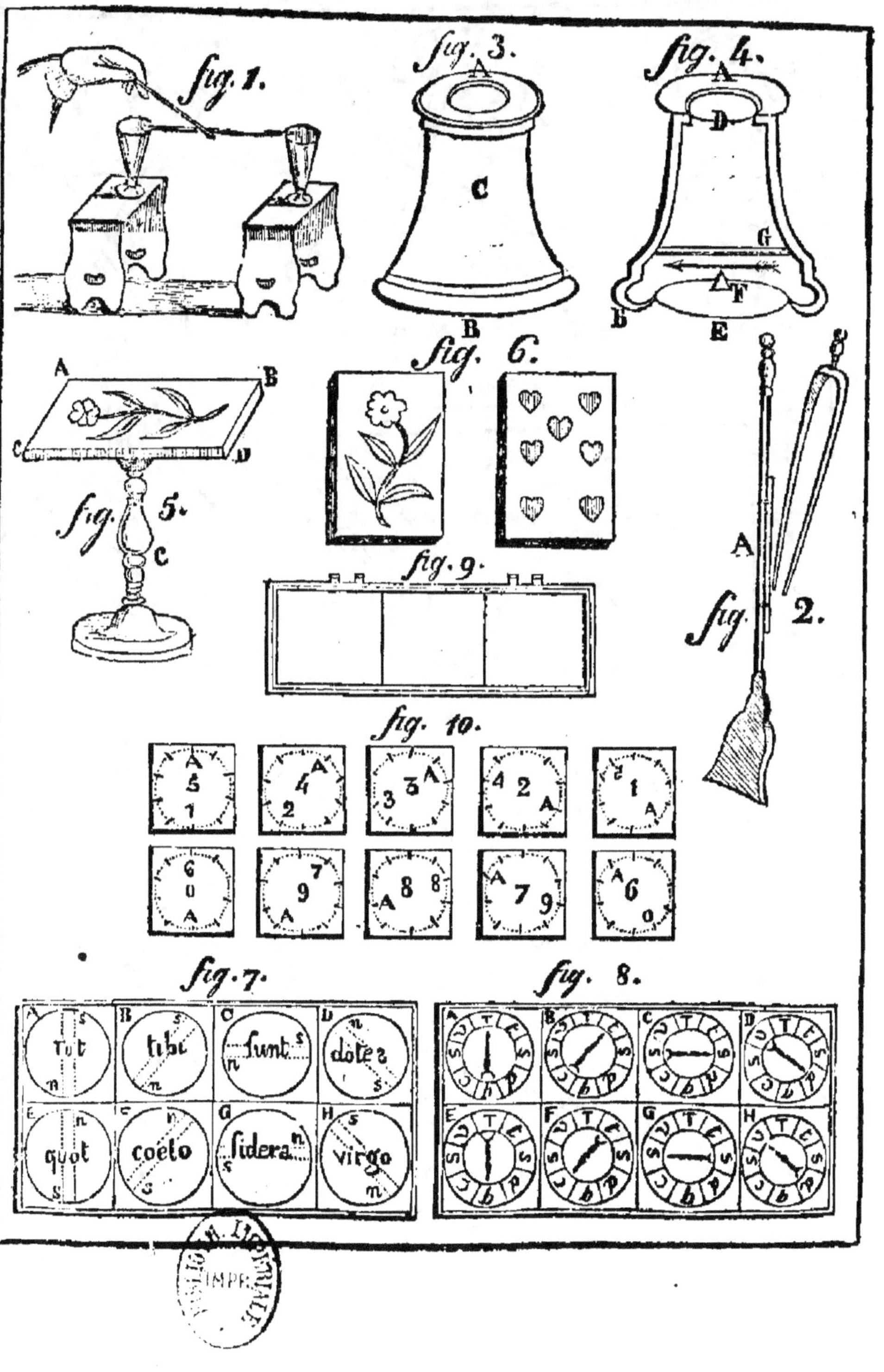

fig. 1.
fig. 3.
A
C
B
fig. 4.
A
D
G
b
T
E
A
B
C
D
fig. 5.
fig. 6.
fig. 9.
A
fig. 2.
fig. 10.
A
5
1
A
4
2
3
A
4
2
A
1
A
6
0
A
7
A
A
8
8
A
7
9
A
6
o
fig. 7.
A
rut
n
B
tibi
n
C
funt
n
s
D
dotes
s
s
E
n
quot
s
F
n
coelo
s
G
fidera
n
s
H
virgo
n
fig. 8.

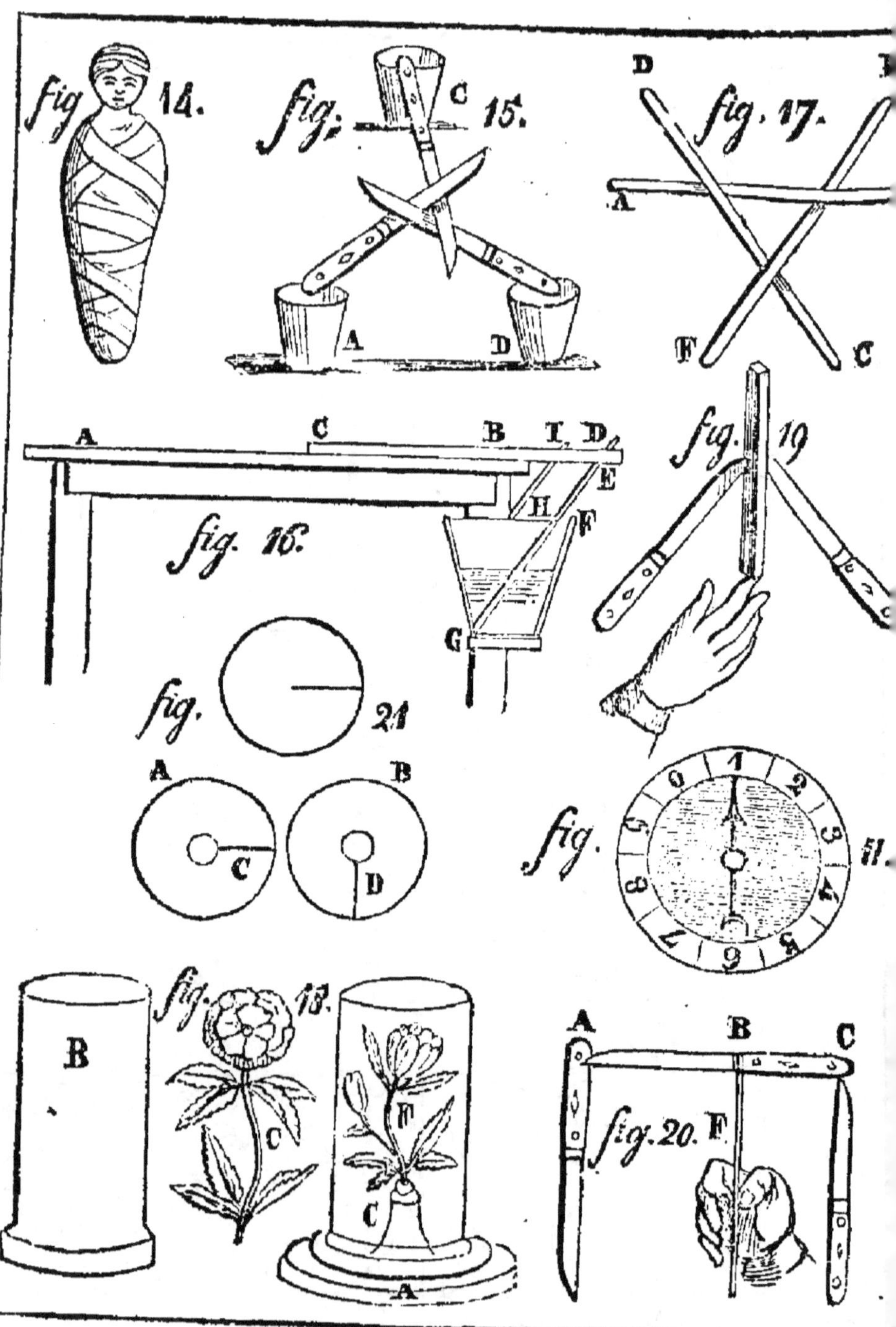


fig. 14.
fig. 15.
C
A
D
fig. 17.
D
A
F
C
A
C
B
I D
E
H
F
fig. 16.
G
fig. 19
fig.
21
A
B
C
D
fig.
11.
0
1
2
3
4
5
6
7
8
9
fig.
B
fig. 18.
C
F
C
A
A
B
C
fig. 20.
F

## Fontaine de circulation.

Cet instrument de verre, composé de deux tubes et deux boules (voir son profil, fig. 26), est rempli de liqueur comme les instruments précédents. La liqueur, descendant lentement et insensiblement par le gros tuyau de la boule A à la boule B, remonte rapidement et visiblement de la boule B à la boule A, par un tube presque capillaire et contourné. Les gouttes de la liqueur montante sont espacées entre elles par de petites bulles d'air, ce qui permet de distinguer plus particulièrement leur mouvement saccadé, qui exprime assez bien le problème de la circulation du sang.

## Le petit Rotomago.

Dans les carrefours et fêtes publiques, les curieux bâillent toujours près de ces marchands ou diseurs de bonnes aventures, qui font monter ou descendre dans un bocal plein d'eau une petite figure, quelquefois deux, afin d'aller écrire, disent-ils, au sommet de l'appareil, quelques mots très-lisibles sur un papier qui paraissait blanc en le plaçant. Ayez de petites figures en émail, creuses dans la partie inférieure ; introduisez une goutte d'eau pour lui faire tenir l'équilibre dans le bocal ; couvrez l'orifice d'une feuille de parchemin, alors, en pressant ou retirant votre main de dessus ce couvercle, vous ferez monter ou descendre la figure à volonté. Ce miracle s'explique ainsi : Lorsqu'au travers du parchemin vous pressez l'eau, comme elle est incompressible, elle condense l'air contenu dans la petite figure, en y faisant entrer un peu plus d'eau qu'elle n'en contenait. La figure, devenue la plus pesante, descend au fond. Dès qu'on retire le doigt, cet air comprimé reprend son volume, chasse l'eau qui avait été introduite par la compression ; ainsi la petite figure, devenue plus légère, remontera (voir la fig. 27).

Maintenant, les prétendues lettres blanches, mises dans la boîte de fer-blanc, qui recouvre le parchemin, sont écrites avec de l'acétate de plomb (extrait de saturne), qui est illisible, tant qu'on n'expose pas le papier à l'action de l'acide sulfurique qui est renfermé dans la boîte ; deux ficelles retiennent ce recouvrement au-dessus du bocal ou de la carafe, descendent le long de ses parois, passent dans un long bâton creux qui supporte l'appareil, fixé à son tour le long du dossier d'une chaise ; enfin les ficelles traversent de droite à gauche sur le jonc de la chaise, et sont là dissimulées par un petit tapis, sur lequel monte l'opérateur. Alors, sans avoir l'air le moins du monde d'agir sur la figure qu'il nomme Rotomago, il lui commande de monter ou descendre, cela s'opère avec une imperceptible pression de la ficelle avec le pied, ce qui produit la raréfaction de l'air que nous expliquions plus haut, avec le secours de la main. Actuellement les feuilles dites de bonne aventure, en termes de banquistes *bonnes fortanches*, se vendent chez les éditeurs libraires, 24 à la feuille, 500 à la rame ; le hasard vous les débite, et dans les sornettes qui les remplissent il est forcé qu'il se trouve quelque chose d'analogue à votre propre position, tant les données en sont banales.

## Mécanisme de la vision.

### L'OPTIQUE, CHAMBRE NOIRE, DAGUERRÉOTYPE, STÉRÉOSCOPE.

Comment découvre-t-on avec tant de facilité e de promptitude la majesté, l'éclat de la lumière des couleurs, etc. qui nous environnent? Par l'œil.

Or, qu'est-ce que l'œil ? L'œil est l'organe de la vue ; il est orné d'un sourcil ou d'un arc de poil pour empêcher la sueur qui découle du front, et qui nuirait à la cornée par son humeur âcre et saline ; il est couvert de deux paupières qui se meuvent à volonté ; ces paupières, comme deux portes, les renferment lorsque leur action est inutile ; elles les garantissent de la fumée, et de plusieurs petits corps qui voltigent dans l'air, et, comme une éponge, elles nettoient la surface extérieure, conservent son éclat en étendant une liqueur douce que fournissent les glandes voisines.

L'œil est placé dans une niche osseuse qu'on nomme *orbite;* c'est une espèce de globe charnu composé d'eaux qu'on appelle *humeurs*; elles portent des noms divers savoir : l'*aqueuse*, la *cristalline* et la *vitrée*. Ces trois *humeurs* de différentes densités, logées chacune dans une capsule transparente, partagent l'intérieur du globe de l'œil en trois parties ; sur le fond est tendue une espèce de toile, ou de membrane très-fine, qui n'est que l'expansion d'un nerf, dont l'extrémité aboutit immédiatement au cerveau ; une peau noire tapisse intérieurement tout le globe. A sa partie antérieure est une ouverture ronde, qui se contracte ou se dilate suivant que la lumière est plus ou moins forte ; six muscles placés à l'extérieur du globe se meuvent en divers sens, et la rapidité de ces mouvements est extrême.

Pourquoi ces humeurs, cette toile, cette tapisserie, cette ouverture qui se contracte et se dilate?

La lumière vient en ligne droite des astres à nous, mais ses rayons se courbent ou se plient lorsque la densité des milieux qu'ils traversent, augmente ou diminue.

Si le milieu est plus dense, les rayons se courbent en s'approchant de la perpendiculaire qu'on suppose abaissée sur sa surface ; ils s'éloignent, au contraire, de cette perpendiculaire si le milieu est plus rare : cela se nomme la réfraction de la lumière.

Ainsi deux rayons qui tombent parallèles sur une lentille de verre changent de direction, et tendent à se réunir en un point derrière la lentille ; là est une image distincte du soleil, de çà, ou de là, de ce point, l'image est confuse ; elle le devient pareillement, si l'on substitue à la lentille un verre plus ou moins convexe, ou un corps transparent plus ou moins dense que le verre.

A la propriété de se réfracter, la lumière joint celle de se réfléchir de dessus les corps qu'elle éclaire. Il part donc de tous les points des objets, des traits lumineux, qui portent l'image de ces points. Ces traits tendent à s'écarter les uns des autres, mais ils se rapprochent dès qu'ils rencontrent des milieux plus denses ou plus convexes, et leur réunion se fait d'autant plus promptement que ces milieux ont plus de densité ou de convexité.

Placez une lentille de verre à l'ouverture ménagée dans le volet d'une chambre obscure, présentez un carton à cette lentille, vous aurez sur-le-champ un tableau, où tous les objets du dehors seront peints dans la plus grande précision, et suivant toutes les règles de la perspective la plus exacte ; ce sera même un tableau mouvant, si ces objets se meuvent ; vous y verrez les ruisseaux se précipiter du sommet des montagnes, et serpenter dans les plaines, les oiseaux planer dans les airs, les poissons se jouer à la surface de l'eau, les troupeaux bondir dans les prairies. Tantôt vous y suivrez la manœuvre d'une flotte qui cingle à pleines voiles, ou qui se prépare au combat ;

tantôt vous y observerez les différentes évolutions d'un corps d'armée ; tantôt vous y jouirez du spectacle d'une foire, d'une course de chevaux ou d'une tempête.

Substituez à la lentille un œil de bœuf naturel, dépouillé fraîchement de ses enveloppes, vous verrez sur la toile qui en couvre le fond un tableau semblable au précédent, mais dont toutes les figures seront peintes beaucoup plus en petit ; vous ne vous lasserez point d'admirer la délicatesse extrême de cette miniature, et vous ne pourrez revenir de votre étonnement de voir une campagne de vingt à vingt-cinq kilomètres carrés exprimée en détail sur un vélin de quelques millimètres.

La structure de l'œil du bœuf est la même, pour l'essentiel, que celle de nos yeux ; ainsi vous pénétrez déjà la mécanique de la vision, les humeurs de l'œil sont la lentille de la chambre obscure, la toile ou la rétine en sont le carton, la peau noire qui tapisse l'intérieur du globe fait l'office du volet qui écarte le jour, elle éteint les rayons dont la réflexion rendait l'image moins distincte, la prunelle en se contractant ou se dilatant, suivant que la lumière est plus ou moins forte, modère l'action des rayons sur la rétine, le nerf placé derrière celle-ci communique au cerveau les divers ébranlements qu'elle reçoit, auxquels répondent diverses perceptions.

C'est à J. B. Porta, physicien du seizième siècle, que nous sommes redevables des instructions ci-dessus, et qui expliquent tout au long à elles seules les mystères de la chambre noire. Nous reviendrons sur cet article, lorsque nous parlerons de l'invention de MM. Niepce et Daguerre.

## De l'optique.

Il y a bien des manières de construire les opti-
ques ; nous allons d'abord indiquer la plus simple,
afin qu'aucun de nos lecteurs ne se trouve embar-
rassé pour employer sur-le-champ telle ou telle vue
qui lui tomberait sous la main. Taillez un morceau
de fort carton, de 20 pouces de long sur 16 de large,
(fig. 28) et dont les angles soient droits, c'est-à-dire
bien coupés d'équerre. Collez-y d'un côté du papier
noir, et de l'autre tracez avec un crayon et une règle
la ligne CD, à 5 pouces du bord AB, la ligne GH, à
5 pouces du bord EF, la ligne IJ, à 5 pouces du bord
AE, et la ligne KL, à 5 pouces du bord BF. Repassez
sur toutes ces lignes avec un canif, de manière à
entamer à moitié l'épaisseur du carton ; puis avec
des ciseaux achevez de le couper sur les lignes CM,
IM, KN, DN, GO, JO, LP, HP. Vous enlèverez ainsi
quatre petits carrés, et c'est avec le reste que vous
construirez votre boîte d'optique, ce que vous ferez
en pliant le carton aux endroits à moitié tranchés,
et en réunissant, avec des bandes de papier, les
bords ainsi rapprochés. Le trou X, destiné à recevoir
un verre grossissant, devra être fait auparavant pour
plus de facilité ; la boîte faite, vous la couvrirez avec
un morceau de verre de même largeur, mais un peu
moins long ; ainsi vous ne lui donnerez que 9 pouces
tandis que la boîte doit en avoir environ 10 ; de
cette manière, vous ménagerez au bout de la boîte
une ouverture par laquelle vous glisserez à votre
volonté les vues d'optique : il sera bon de placer sous
le verre un morceau de gaze, ou d'employer du
verre dépoli d'un côté, afin qu'on n'aperçoive dans
la boîte rien autre chose que le dessin, ce qui
contribue à rendre l'illusion plus complète ; par la

même raison, il faudra couper entièrement le papier blanc qui entoure les vues, et les coller sur des cartons de grandeur convenable, dont vous aurez garni les bords de papier noir. Enfin, vous les enluminerez bien soigneusement, et en vous aidant des avis des dessinateurs compétents.

## Construction d'une chambre noire portative.

Il faut avoir une petite boîte carrée (fig. 29) et percer d'un trou rond le côté auquel le couvercle est attaché par des charnières. Dans ce trou on introduit un tuyau de carton A, dans lequel glisse à volonté un autre tuyau B, portant à son extrémité extérieure une lentille C, convexe des deux côtés, et dont le foyer ait pour longueur la distance de la lentille au côté opposé de la boîte. On se procurera un miroir D E F G que l'on placera dans la boîte, de façon qu'il forme avec le fond un angle de 45° en s'appuyant sur le côté opposé à la lentille. On disposera au haut des côtés de petites règles, pour soutenir un morceau de verre carré qui fermera la boîte. Ce verre sera dépoli en dessus. Enfin le couvercle sera garni de chaque côté IK, LM, d'une espèce de joue, afin que lorsqu'il sera ouvert, la lumière ne puisse pénétrer par les côtés (fig. 30); ces jours retomberont en dehors, et seront percées d'un petit trou P; on y mettra une cheville qui, s'enfonçant aussi dans la boîte, tiendra le couvercle élevé à la hauteur convenable.

L'image des objets extérieurs, réfléchie par le miroir, viendra se peindre sur le verre dépoli, où l'on pourra en suivre tous les traits avec un crayon. Le tuyau mobile sert à éloigner ou rapprocher la lentille, afin que l'image soit plus distincte.

Pour dépolir le verre, on se sert de grès pilé, don<br>
on le frotte avec un morceau de bois bien uni, e<br>
mettant un peu d'eau de temps en temps.

Après de nombreux essais, MM. Niepce et Da<br>
guerre parvinrent à fixer, à l'aide d'un procédé chimi<br>
que aujourd'hui universellement connu, toute<br>
les épreuves de la chambre noire. La fixation de<br>
épreuves d'abord faites sur des planches métalliques<br>
l'est à présent sur un papier préparé, sous les noms de<br>
*positif* et *négatif*, et semble avoir atteint les borne<br>
du possible. La photographie mise à la portée de<br>
tous s'est *industrialisée*. Certes le procédé Daguerre<br>
pouvait réclamer hautement une place sur les tables<br>
d'airain que la postérité tient ouvertes continuelle-<br>
ment aux arts et à l'industrie. La Chambre des<br>
députés l'avait reconnu en récompensant les inven-<br>
teurs ; il serait à souhaiter, pour la réputation natio-<br>
nale, que tous les actes des *élus* fussent aussi louables<br>
et aussi purs.

Les premiers essais du daguerréotype prouvaient<br>
du tâtonnement et de l'imperfection, mais, dans des<br>
mains habiles, la photographie, en peu de temps,<br>
s'était développée et avait brisé les langes qui re-<br>
tenaient encore captif l'essor de son progrès. Sans<br>
aucun doute, l'invention daguerrienne ouvrait à l'art<br>
industriel une ère nouvelle de surprise et d'enchante-<br>
ments ; mais cependant, d'abord indécise dans sa<br>
pensée, elle laissait deviner un avenir plein de mi-<br>
rages et dont l'orientation lui était inconnue.

Le progrès reconnu, un travail intelligent et<br>
assidu devait apporter chaque jour à la photogra-<br>
phie de nouveaux perfectionnements.

Paysages, portraits, monuments, le daguerréo-<br>
type peut tout reproduire, et les reproductions ob-<br>
tenues par l'appareil daguerrien sont d'une exac-

titude irréprochable. Les épreuves photogénées, toutes parfaites qu'elles se montraient il y a dix ans au plus, laissaient encore à désirer, surtout dans les traits; l'épreuve fixée sur l'argent, offrait une monotonie de tons qui souvent fatiguait et la rendait disgracieuse et maussade. Il fallait que l'épreuve fût exposée à un jour précis pour que l'œil puisse en suivre toute la ressemblance; si l'on négligeait cette précaution essentielle, l'épreuve disparaissait presque complétement sur la glace polie du métal.

Un procédé, non moins curieux dans ses résultats que celui de l'inventeur du Diorama, vient de prendre ses lettres de naturalisation dans les arts industriels.

M. Voisin a mêlé aux trésors du daguerréotype le filon d'or pur de son imagination créatrice, et de ce contact est sortie une étincelle féconde qui a montré quelles merveilleuses choses la photographie recélait encore dans son sein et de quelle utilité elle pouvait devenir pour les arts producteurs.

Par l'emploi de l'eau forte, entre les mains de M. Voisin, le portrait au daguerréotype devient une gravure anglaise à la touche vaporeuse, à l'ensemble gracieux, qui, par la pureté de ses traits, l'harmonie de ses ombres, vaut une charmante miniature qu'on dirait sortie de Catamatta ou de Six-Deniers; aussi le portrait-visite remplace-t-il déjà aujourd'hui la mesquine carte de visite.

La photographie sur papier vient de donner naissance à un nouveau genre d'optique nommé *stéréoscope* (fig. 31) qui représente une lorgnette jumelle de théâtre. Par une fente ménagée dans la largeur de l'instrument, l'on introduit une double épreuve photographiée, c'est-à-dire deux fois le même sujet, uni côte à côte, afin que, regardant des deux yeux à la fois par les deux objectifs, l'on ne voie à l'intérieur qu'une seule épreuve, ce qui n'aurait pas lieu si l'on ne regardait que d'un œil,

Cet intrument, qui n'est encore qu'un jouet de salon, sera sans doute perfectionné, mais il offre déjà à son début un effet très-séduisant.

## Lanterne magique.

Cette machine est composée d'une petite chambre d'environ un pied carré, A B C D (fig. 47); on y place un miroir de métal concave G, qui renvoie la lumière posée à son foyer vers un tuyau N, qui porte deux verres lenticulaires O, P; au-dessous de la caisse est une petite cheminée E, munie d'un fumivore F, par où s'échappe la fumée; entre la lumière et le tuyau, on fait passer, dans une coulisse M, des bandes de verres colorés, représentant différents objets dans une situation renversée, et on les aperçoit droits et grossis sur la muraille ou un drap blanc. On allonge ou raccourcit les tuyaux O, P jusqu'à ce que les peintures soient au-delà du foyer des lentilles.

On peut avoir le même effet en exposant ce tuyau aux rayons du soleil à la fenêtre d'une chambre obscure.

On s'était contenté jusqu'à présent de peindre de simples figures sur des petits verres, dont les images paraissaient sans action et sans mouvement; depuis, on a fabriqué de petites figures mouvantes, que l'on trouve chez tous les fabriquants d'optique.

La lettre I indique la douille dans laquelle entre la queue K du miroir G, afin qu'on puisse l'avancer ou reculer selon le besoin.

## Ombres chinoises.

Ayez une cloison avec une ouverture à quatre ou cinq pieds au-dessus du plancher; tendez-y une mousseline, ainsi que sur plusieurs châssis de la même grandeur que cette ouverture ; dessinez au trait sur ces châssis paysages ou architecture analogues aux scènes. Pour faire les ombres, on découpe plusieurs feuilles de papier mince , de la grandeur convenable ; on en applique une ou deux pour les clairs, trois ou quatre pour les demi-teintes, et pour les ombres cinq à six. Derrière un châssis très-près, faites mouvoir vos petites figures avec des fils de fer que vous tenez à la main. Les fabriques d'imageries de la Lorraine et des Vosges publient des collections de figures pour ombres chinoises à 15 c. la feuille, sur lesquelles il n'y a qu'à suivre les indications pour les monter : cela facilite beaucoup ceux qui veulent se fabriquer ces petites récréations.

## Fantasmagorie.

Noircissez les lames de verre en réservant les sujets. En écartant ou avançant la lentille d'une lanterne magique à laquelle vous les appliquez, les figures semblent aller et venir, diminuer et grandir. Les pièces de l'article suivant peuvent également s'adapter à la lanterne magique , et par le plus ou moins d'éloignement de la lentille, produire des dégradations de teintes bien surprenantes.

## Mégalographies.

Dessinez sur un carton des figures ; découpez-les à jour, en laissant les parties ombrées ; mettez ces figures découpées derrière la mousseline claire d'un rideau, ou exposez-les à la lumière d'une bougie, et projetez leur ombre sur le plafond ou une cloison blanchie : les traits se dessineront parfaitement. On peut suivre les linéaments des figures que nous donnons plus loin, l'une représente l'Auteur sifflé (fig. 32), l'autre le Goulu (fig. 33), puis Napoléon premier (fig. 34).

## Thaumatrope.

On appelle ainsi un jeu assez simple, mais qui produit une illusion d'optique très-amusante, que nous allons exposer, en donnant à nos lecteurs la manière de faire cette petite construction.

Collez la figure 36 sur un carton, et découpez-la ensuite tout autour de la circonférence; découpez de même la figure 37, et collez-la sur l'autre face du carton, mais la tête en bas, de sorte que la partie D de la figure 37 réponde à la partie A de la figure 36; c'est la même disposition que celle qu'on remarque sur les pièces de monnaie. Ceci bien entendu, prenez deux bouts de fil, et attachez-les de chaque côté du carton, aux endroits où vous voyez un point sur le dessin. Voici maintenant la récréation que peut vous procurer le Thaumatrope. Prenez de chaque main un des fils, entre le pouce et l'index, et faites-les tourner dans le même sens, en frottant vos doigts l'un contre l'autre. La rapidité du mouvement communiqué au carton confondra les deux images, qui se présenteront successivement à votre vue, au point que le cavalier paraîtra à cheval. L'effet sera plus plaisant, si vous attachez le fil un peu plus haut, ou un peu plus bas que l'endroit marqué; car alors le cavalier ne sera plus en selle, et aura l'air de voltiger ou de tomber.

## Lunette incompréhensible.

Au moyen de cette lunette, on semble voir à travers les corps opaques; et cet effet, qui lui a fait donner le nom d'incompréhensible, s'obtient par

Fig. 45.   Fig. 44.          Fig. 47.   Fig. 46.

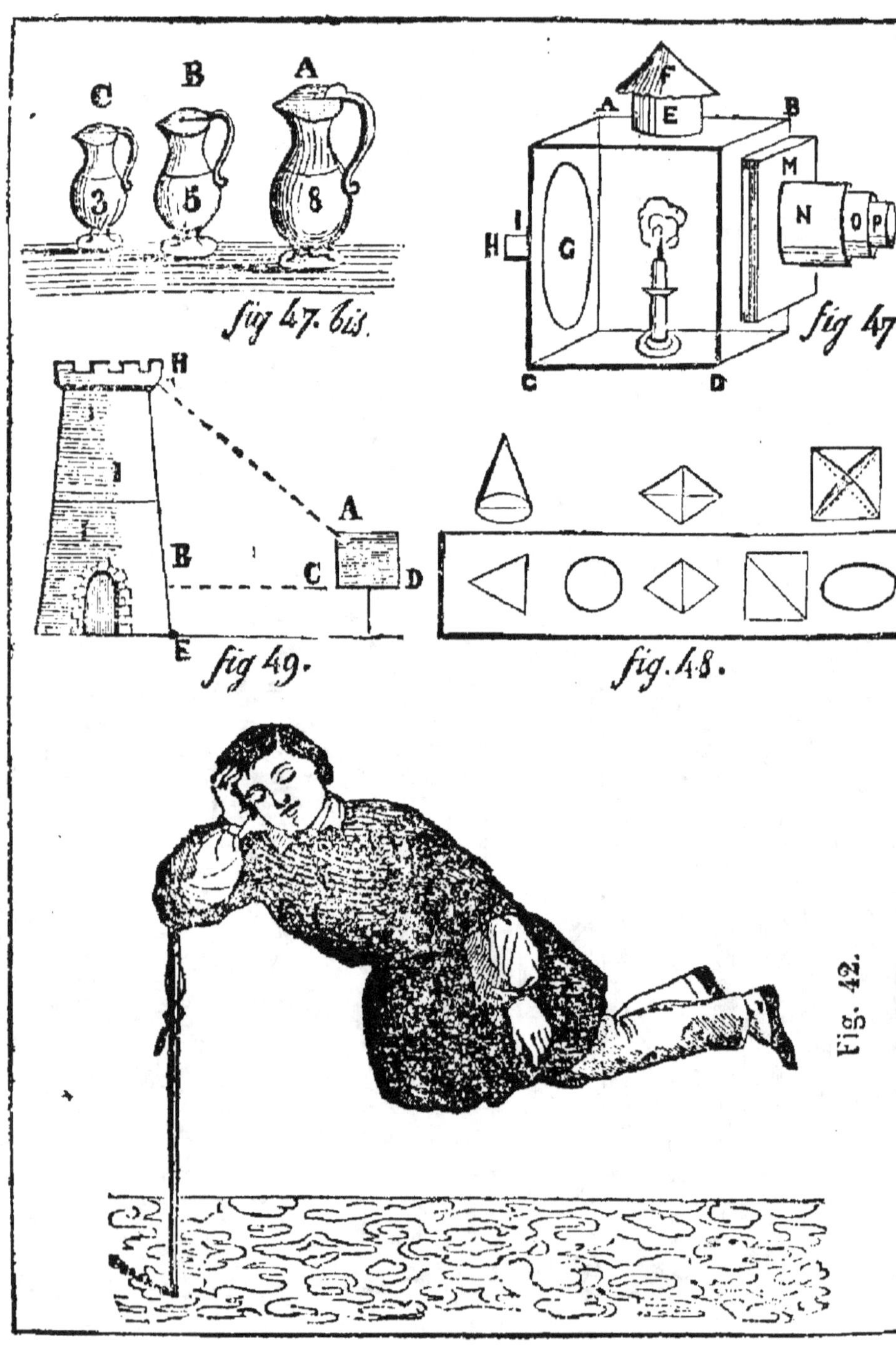

C
B
A
3
5
8
fig. 47. bis.
A
F
E
B
H
I
G
M
N
O
P
C
D
fig. 47.
H
A
B
C
D
E
fig. 49.
fig. 48.
Fig. 42.

une construction si simple, que nous croyons pouvoir mettre nos lecteurs en état de l'exécuter.

Cet instrument est représenté dans la fig. 38. C'est une espèce de tuyau carré et coudé, qui peut se construire en carton, et dont nous n'avons pas besoin de donner le patron, attendu qu'il est facile d'en concevoir la coupe, et que les dimensions sont à peu près indifférentes. Ce tuyau forme comme une boite fermée partout, et dans l'intérieur de laquelle on place quatre petits miroirs H, I, K, L, disposés comme dans la figure, c'est-a-dire inclinés de manière à former avec le fond de la boîte un demi-angle droit. La face polie des miroirs I et K est tournée en haut et celle des miroirs L et H est tournée en bas. A chaque extrémité supérieure de la boite, il y a deux ouvertures circulaires; devant et derrière les miroirs H et L, ces quatre ouvertures sont garnies de tuyaux cylindriques A, B, C, D; dans les tuyaux C et D entrent deux tuyaux mobiles E et F qui se tirent à volonté et peuvent s'allonger assez pour se toucher : ils sont terminés chacun par un morceau de verre ordinaire. Au bout du tuyau B est un verre convexe, et dans le tuyau A entre un tuyau mobile G garni extérieurement d'un verre concave, enfin, le tout posé sur un pied, ce qui cependant n'est pas indispensable.

Voici l'effet de cette lunette. Lorsqu'on place l'œil au bout du tuyau G pour regarder un objet situé en face, les rayons de lumière qui partent de cet objet arrivent à l'œil, et viennent y peindre l'objet, en suivant la ligne ponctuée marquée dans la figure; c'est-à-dire qu'ils sont réfléchis au point L par le premier miroir qu'ils rencontrent, au point K par le second, au point I par le troisième, et au point H par le quatrième, d'où ils vont droit à l'œil, ce qui produit exactement le même effet que s'ils venaient directement de l'objet dont ils émanent.

Lorsqu'on veut faire usage de cette lunette, on rapproche l'un de l'autre les deux tuyaux mobiles E F, qui ne sont là que pour faire illusion; on dirige la lunette sur un objet quelconque, et, priant une personne de regarder à travers cette lunette, on lui demande si elle aperçoit bien distinctement l'objet qui est vis-à-vis, ce qui ne peut manquer, d'après ce que nous venons de dire. On éloigne ensuite les deux tuyaux, et, laissant entre eux un intervalle suffisant pour y passer la main ou tout autre corps, on annonce à la personne que cette lunette a la propriété de faire apercevoir les objets à travers les corps les plus opaques. Pour l'en convaincre, on lui dit de regarder dedans, et elle est très-surprise de voir cet objet à travers sa main qui lui paraît percée à jour.

Cette récréation produit une illusion d'autant plus extraordinaire qu'on n'aperçoit pas facilement ce qui peut produire un pareil effet : la pièce coudée paraît être faite de cette sorte, pour soutenir les deux côtés de la lunette, qu'on est obligé de séparer, afin d'y placer le corps opaque; et d'ailleurs, de quelque côté qu'on regarde dans cette lunette, on voit toujours le même effet, et l'on n'aperçoit en aucune façon les miroirs qui y sont contenus.

Les verres qui se mettent aux extrémités G et B sont de ceux que l'on met aux lorgnettes ordinaires. Le foyer de ces verres se règle en général d'après la longueur de la lunette; ici cette longueur doit être supposée égale à celle de la ligne ponctuée qui partant de l'extrémité du tuyau B, passe par les points L, K, I, H et aboutit à l'extrémité du tuyau G. Ainsi, quand les miroirs et les tuyaux seront en place, il faudra supposer une ligne pareille dans la boîte, et en prendre mesure. Si, par exemple, cette ligne forme en tout une longueur de 20 pouces, il faudra demander à un opticien un verre concave et un convexe d'un foyer convenable pour garnir une lunette de vingt pouces de long. Mais, comme ce ne sont pas les verres qui produisent l'effet singulier de cette lunette, on pourrait à la rigueur remplacer encore ces deux-là par des morceaux de verre ordinaire, si l'on n'avait pas la facilité de s'en procurer d'autres.

## Du feu, Dioptrique, Catoptrique, rayons solaires.

La dioptrique et la catoptrique sont les deux divisions de la science de l'optique ; la première traite des lois de la réfraction, et nous apprend quelle route suit la lumière dans les différents milieux. La deuxième traite des mouvements de la lumière réfléchie, et nous apprend la route qu'enfilent les rayons lorsqu'ils sont repoussés.

Tout corps qui donne passage à la lumière s'appelle *milieu*. On appelle *corps opaques* ceux qui interrompent l'action des corps lumineux à travers desquels la lumière ni les couleurs ne se font point sentir.

On appelle corps *diaphanes* ou *transparents*, ceux par l'entremise desquels les objets lumineux agissent sur nos yeux.

On appelle *tube optique* une lunette ou tuyau cylindrique dont chaque bouche est garnie de verres convexes ou concaves.

Le verre *convexe* ou *lenticulaire* est plus épais dans son milieu que dans ses extrémités ; il est *plan convexe*. Quand il est plan d'un côté et convexe de l'autre, on doit le regarder comme formé de deux segments de sphères égales.

Le verre concave est plus épais dans ses extrémités que dans son milieu. On appelle *verre objectif*, soit *concave*, soit *convexe*, celui qui regarde l'objet, et *verre oculaire*, celui où on pose l'œil.

Nous devions ces divers renseignements à nos lecteurs pour compléter l'article précédent.

Le *feu*, répandu dans toute la nature, nous offre une infinité de rapports; bornons-nous à parcourir les plus intéressants.

Fluide, subtil, élastique, abondant, sans cesse agité, le feu pénètre tous les corps. Il les échauffe, il les dilate, il les brûle, il les fond, il les calcine, il les volatilise, il les dissipe suivant l'espèce de leur composé ou de leurs principes.

Invisible de sa nature, cet élément subtil ne devient visible qu'en empruntant un corps; il s'unit secrètement à une substance inflammable et inconnue, que le chimiste nomme *phlogistique*, et pourvu de ce corps étranger, il s'allie à d'autres corps, et entre dans leur composition; c'est encore par une semblable union qu'il se rend sensible dans les expériences électriques, tantôt sous la forme d'aigrettes lumineuses, tantôt sous celle de couronnes, d'éclairs, d'étincelles, etc., et qu'il détone, éclate, frappe, perce, brûle, enflamme.

Par une douce agitation, le feu vivifie tous les corps organisés, et les conduit par degré à leur parfait accroissement; il fomente la branche dans le bouton, la plante dans la graine, l'embryon dans l'œuf; il donne à nos aliments les préparations convenables; il nous soumet les métaux à la formation desquels il préside; c'est lui qui nous met en état de leur faire prendre, ainsi qu'à diverses matières, toutes les formes que nos besoins ou nos commodités exigent ; c'est de lui que nous tenons, en particulier, cette matière transparente qui, étendue en feuilles minces, ou façonnées en manière de tuyaux, de vases, de globes, de lentille, etc., nous fournit différentes sortes de meubles ou d'instruments, et nous enrichit de nouveaux yeux qui, en suppléant à la faiblesse des nôtres, nous aident à découvrir les plus petits objets et rapprochent de nous les plus éloignés.

De l'action du feu sur les terres, sur les soufres, sur les huiles, sur les sels, résultent les diverses espèces de fermentation, d'effervescences, de mélanges, objets de recherches du chimiste, et l'âme des trois règnes.

Concentré par les lentilles ou par les miroirs de toute espéce, il acquiert une force bien supérieure à celle de notre feu d'éclairage le plus ardent, et dans un instant il réduit le bois vert en charbon, calcine les pierres, fond et vitrifie les métaux.

Excité, rassemblé, condensé, modifié, extrait, dirigé, appliqué par les machines électriques, il devient la source féconde de mille phénomènes que l'art multiplie et diversifie chaque jour. Tantôt extrait d'un globe de verre par le frottement, il coule avec une rapidité inconcevable le long d'un fil de fer qu'on lui présente, et va faire sentir son impression à des corps légers placés à une licue du globe. Tantôt appliqué par le même moyen aux membres paralytiques, il y rétablit la vie et le mouvement. Présent à toute l'atmosphère, il s'accumule dans les nuces orageuses, d'où l'art sait encore l'extraire ; c'est encore le feu qui communique à l'air et à l'eau réduite en vapeur cette prodigieuse force qui le rend capable d'ébranler la terre et de rompre les corps les plus durs.

C'est le feu enfin qui, en pénétrant les fluides, leur conserve leur fluidité. Exact lui-même à se mettre partout en équilibre, il passe des corps où il est le plus abondant dans ceux où il l'est le moins, et emportant avec lui les particules les plus volatiles, il les dépose à la surface de ceux-ci, où elles se montrent sous la forme de vapeurs, d'exhalaisons, de brouillards, etc.

## Idée du gaz à éclairage.

### Récréation.

Mettez un peu de charbon de terre pilé dans une pipe, et couvrez-en l'ouverture avec une pâte de terre glaise délayée dans de l'eau. Lorsque la terre est sèche, exposez au feu la tête de la pipe, et chauffez-la graduellement. En quelques instants une grande quantité de gaz se dégagera par le tuyau de la pipe, et l'on pourra y mettre le feu. La flamme sera très-brillante. En même temps, il se forme une huile épaisse ou goudron; après que le gaz a cessé de se dégager, on trouve que la tête de pipe contient du coke (charbon brûlé).

## Manière de produire un iris

### OU ARC-EN-CIEL ARTIFICIEL.

Pour faire cette expérience, choisissez un jour où le soleil luit; prenez un verre que vous remplirez d'eau; puis vous tournerez le dos au soleil, ensuite, vous lancerez le contenu en l'air et l'expérience sera faite.

On peut encore, pour faire cette expérience, prendre une seringue à injection que l'on fera fonctionner verticalement (c'est-à-dire en tenant le bout de la seringue en l'air en tournant le dos au soleil); ou, plus simplement, prenez de l'eau dans votre bouche, tournez le dos au soleil, lancez l'eau en pluie, et l'expérience sera faite.

## Petit jet d'eau d'exécution facile.

Cet article que nous plaçons ici serait naturellement mieux avec nos récréations hydrauliques si, dans les myriades des gouttelettes qui s'élançant en l'air en décomposant et réfléchissant les rayons solaires, nous n'avions à offrir à nos lecteurs une nouvelle preuve à l'appui de l'article précédent.

Prenez une bouteille et un bouchon qui la bouche bien exactement, faites un trou dans la longueur du bouchon, et faites-y passer un petit tuyau qui ressorte de quelques lignes en dehors et qui n'atteigne pas tout à fait en dedans le fond de la bouteille (fig. 39) : ce tuyau doit être ouvert par les deux bouts, et se terminer en pointe très-fine du côté extérieur du bouchon. L'instrument ainsi disposé, remplissez d'eau la bouteille, aux trois quarts environ, mettez-y le bouchon, et garnissez-le bien de goudron ou de cire, de manière qu'il n'y ait aucune communication entre l'air extérieur et celui de la bouteille ; soufflez alors de toutes vos forces par l'ouverture A (fig. 40) ; l'air que vous introduisez dans la bouteille s'élèvera au-dessus de l'eau, parce qu'il est plus léger qu'elle, et se réunira à celui qui s'y trouve déjà ; mais toute cette quantité d'air, se trouvant comprimée dans un si petit espace, pressera la surface de l'eau et la forcera de s'élancer avec impétuosité par la petite ouverture A ; lorsque le jeu de la machine aura cessé, il suffira, s'il reste de l'eau, d'y souffler encore de l'air pour voir le même effet se reproduire.

Un tube de verre est ce qu'il y a de mieux pour le tuyau en question, mais on peut le remplacer par quelques tuyaux de plumes ajustés au bout les uns des autres, en ayant soin de boucher exactement toutes les jointures avec de la cire, et de rétrécir par le même moyen l'ouverture supérieure par laquelle l'eau doit s'élancer.

## Veilleuse végétale.

Prenez un marron d'Inde et dépouillez-le de son écorce; percez-le ensuite en différents sens avec une grosse épingle, puis laissez-le tremper dans l'huile pendant 24 heures. Au bout de ce temps, passez dedans une petite mèche de coton. Lorsque vous voudrez vous en servir, vous mettrez le marron dans un verre d'eau où il surnagera, s'il est bien gonflé d'huile, et vous allumerez la mèche. Avant de passer la mèche dans le marron, il sera bon de s'assurer de la surface qu'il présente au-dessus de l'eau.

## PYROTECHNIE PHYSIQUE.

### Bouteille qui verse de l'eau
#### OU DU VIN AU GRÉ DU PHYSICIEN.

On fait faire dans une verrerie une bouteille à deux cellules, séparées par une diaphragme ou cloison verticale; l'anneau ou filet de la bouteille est mobile et contient une opercule qui bouche l'une ou l'autre partie du goulot, quand on le tourne dans un sens ou dans le sens opposé; on emplit chaque cellule d'eau et de vin; et, après s'être servi de cette dernière liqueur, on change l'opercule et on passe la bouteille à son commensal, qui ne peut se verser que de l'eau.

On fait dans les verreries des bouteilles à trois et quatre cellules et qui peuvent contenir des liqueurs différentes.

### La Bouteille Inépuisable.

En voyant, entre les mains d'adroits prestidigi-

tateurs, une bouteille d'où sortent jusqu'à vingt liquides différents, que de gens se sont trouvés dans la
surprise la plus complète et se sentaient tout disposés
à crier au miracle. Hélas! qu'auraient-ils fait de
leur enthousiasme si on leur eût donné la liberté de
palper cette mystérieuse bouteille !

On a dit longtemps que l'opérateur avait des con-
duits en caoutchouc dans sa manche contenant ces
liquides divers ; cela n'avait pas l'ombre du bon sens.
Voici la vérité :

Un grand nombre de syphons sont contournés de
diverses formes et se nichent dans l'intérieur d'une
bouteille de tôle vernie ; l'orifice de chacun d'eux
vient aboutir à une petite soupape extérieure, formant bouchon ou trou d'air, et dissimulé sur la
forme extérieure. Cela produit, quant à la disposition des trous, ceux que l'on voit sur le cou du
poisson nommé *lamproie;* pour l'effet d'écoulement
du liquide, chacun connaît les encriers à deux becs
ou syphoïdes et sait fort bien qu'il s'agit d'ouvrir
ou fermer le trou d'air pour que l'encre s'échappe.
Il en est de même ici ; aussi l'opérateur n'a que la
science du doigter comme un artiste musicien sur
le violon ou le mélophone. Supposez le premier trou
laissant couler le vin, le deuxième le rhum, le troisième le vermuth, etc.; tout étant bien peint et vernis
la ruse est facile à dissimuler.

## Bouteille qui, à volonté,
### LANCE DU FEU OU DE L'EAU.

Pour cette expérience, servez-vous d'une bouteille
à diaphragme (1) ; dans une partie, mettez du vin
ou de l'eau, faites dégager du gaz hydrogène, qui

(1) Cercle intérieur des grandes lunettes, terme d'optique.

s'enflammera au-dessus du goulot en approchant un flambeau. On peut faire alternativement sortir de la bouteille du vin ou du gaz, au moyen du même appareil.

## Le flambeau infernal.

Sur 4 ou 5 gros de sel marin pilé, versez trois à quatre onces d'esprit de vin. Lorsque la dissolution est faite, éteignez toutes les lumières et mettez le feu à votre composition ; toutes les personnes de la société auront des figures vraiment hideuses.

## Produire flammes et éclairs
### EN MOUCHANT UNE CHANDELLE.

Introduisez dans les mouchettes quelques pincées de poudre de lycopode, ou de résine, ou de colophane en poudre.

Au théâtre, pour produire les éclairs, l'on a une longue pipe de fer-blanc ; dans la tête est la poudre de lycopode ; sur le couvercle, percé comme une écumoire, l'on place au centre une petite mèche brûlant à l'esprit de vin ; lorsque vous soufflez dans cette pipe, la poudre sortant par les trous du couvercle s'enflamme autour de la mèche, et cause un embrasement instantané qui, vu de la salle, produit une illusion complète.

## Eclairs produits dans une chambre.

Après avoir fait évaporer de l'alcool camphré ou de l'eau-de-vie camphrée très-saturée dans un local petit, bien clos et bien obscur, fermez-en la porte. Lorsqu'une personne entrera avec une lumière, soudain l'air paraîtra s'enflammer, et des éclairs se produiront instantanément sans occasionner la moindre brûlure.

# DU MAGNÉTISME, DU SOMNAMBULISME,
### MOYENS D'EN PRODUIRE LES EFFETS.

Le mot magnétisme vient d'un mot grec qui a tiré son origine d'une ville ancienne appelée *Magnésie*, d'où l'on obtenait autrefois l'aimant qui possède une force attractive qui agit sur le fer à distance, même à travers les corps opaques, pour l'attirer à lui. Autrefois, dans le temps de la galanterie, nos pères avaient remarqué l'analogie qu'il y avait entre les phénomènes qui se manifestaient dans ce minerai, et ceux qu'on découvrait chez deux cœurs qui s'aimaient; on vit là une attraction à peu près identique. Alors on changea le nom existant de *magnès* en celui d'*aimant;* on supposait de même que chez nous un sentiment d'*amour* entre deux minéraux; depuis lors, nous avons repris l'ancien nom : nous appelons l'aimant *magnétisme terrestre,* et *magnétisme animal,* l'action que la volonté exerce par l'entremise des organes, à l'aide d'un fluide impondérable, sur tous les êtres de la nature.

## Du magnétisme animal.

Selon Mesmer, c'est des corps célestes que nous recevons ce fluide puissant : son action s'étend jusque sur les corps inanimés; nous possédons plus ou moins sa vertu; mais voici les moyens d'acquérir, de développer, d'accumuler, et concentrer sa puissance : faites un petit sac en peau très-mince, long et bien propre; remplissez-le d'un mélange de limaille de fer fine et de soufre (deux parties de soufre et une de limaille) bien broyées ensemble à sec, puis portez-le sur vous avec deux petits bâtons de soufre sous les aisselles, et un au creux de l'estomac. Pour avoir plus de puissance, prenez le matin à jeun deux ou trois pastilles de soufre; on se trouve pénétré de sa vertu sulfuro-électrique; ainsi armé, on peut magnétiser. Pour cela, promenez votre main gauche ouverte le long du dos, en même temps présentez la main droite au creux de l'estomac, en frottant à plat; puis, réunissant vos doigts, faites des petits cercles en revenant toujours au creux de l'estomac; éloignez-vous un peu, étendez l'index, comme pour soutirer la traînée de fluide par terre et l'établir entre vous; recommencez afin de renouveler le fluide dont vous avez besoin, alors la personne dira ce qu'elle éprouvera, et vous connaîtrez la nature et le siége des maladies, par conséquent les moyens de les guérir. (Voyez fig. 41.)

Pour bien magnétiser, il faut se recueillir quelques instants, éloigner de soi toute espèce de distractions, rendre son âme puissante, par la concentration·de ses facultés, en un mot, une *volonté* ferme, inébranlable, est nécesssaire; regarder fixement son sujet : les yeux sont une des parties du corps par lesquels le fluide magnétique s'échappe en abondance. Chacun sait à quel point le chien d'arrêt parvient à tenir dans un état d'immobilité les perdreaux ou les lièvres sur lesquels il a jeté son regard. Il suffit au serpent qui rampe au pied d'un arbre d'élever ses yeux et de fixer l'oiseau posé sur une branche pour le *magnétiser* et l'obliger de venir se précipiter de lui-même dans la gueule de son propre ennemi ; telle est l'histoire des syrènes dont nous parle l'antiquité, qui, par leurs chants harmonieux, attiraient le voyageur imprudent pour le dévorer.

L'influence du regard est incontestable, et, chaque jour le *magnétisme* fait de nouveaux adeptes, et dans les noms recommandables qui en ont constaté les effets, citons : MM. Grégory d'Edimbourg, le baron de Reichenbach, chimistes, A. Dumas, Maquet,

Georges Sand, Louis Blanc, Théophile Gauthier, madame E. de Girardin, madame Eugénie Foa, Alphonse Esquiros, etc., littérateurs; L. de Saint-Georges, vaudevilliste; Trousseau, Lordat, chirurgiens; le R. P. Lacordaire qui en 1850 lui rendait hommage du haut de la chaire évangélique à Notre-Dame; Mgr. l'archevêque de Reims et celui de Dublin; puis viennent rois, princes, princesses et savants contemporains de tous pays, qui comptent dans leurs rangs le chef suprême de la chrétienté, Pie IX.

## Le Psychisme.

Qu'est-ce que le psychisme ? C'est toujours le magnétisme, le nom ne fait rien à la chose, ce n'est qu'une autre école, dont le chef fut M. J. S. Quesné, qui publia diverses éditions de ses lettres sur cette science, il y a une trentaine d'années, et que l'on vient de remettre de nouveau à l'étude.

*Psyché* : Ame, esprit pur, papillon, feu céleste, principe de la vie.

*Psychisme* : Nature de l'âme, opération de l'âme. Voilà la définition. Il faut considérer ici cette matière en faisant abstraction de toute idée théologique.

Qu'est-ce que l'âme ? Un fluide qu'on peut nommer *psychique*, du mot grec *psuché*, qui veut dire âme ; et l'on prétend que ce fluide, circulant dans la sphère de l'univers, soit le principe de la vie dans les êtres vivants. On a cherché longtemps ce principe, et, comme l'on voit, l'on cherche encore. Thalès crut le trouver dans l'eau ; Démocrite dans le feu. D'autres philosophes le composèrent de feu et d'eau, de terre et de feu, d'eau et de terre. Crisias le chercha dans le sang, Epictète en fit un tissu d'atomes, et Leibnitz une monade ; aujourd'hui c'est un fluide, mais tout autre que celui du sage de Milet. En observant tous les fluides existants, tels que l'air, l'éther, beaucoup plus subtil que ce dernier ; le fluide magnétique encore plus tenu que l'éther, dans les pores duquel il s'insinue ; le calorique qui semble participer de l'un et de l'autre : M. Quesné en imagina un mille fois plus subtil : le psychique. Ce fluide anime les molécules organiques qui donnent l'existence à l'homme, et les met en mouvement, ainsi que l'aiguille aimantée met en action les particules de fer qu'elle attire à elle. Principe de la vie, ce fluide est à la fois celui de la pensée, celui de la mémoire. Son activité s'augmente ou diminue suivant l'occurrence. Mabillon est un idiot, c'est qu'un obstacle s'oppose à la circulation du fluide. Mabillon reçoit à la tête une blessure grave ; sa plaie rend beaucoup d'humeur, la circulation se rétablit : Mabillon devient un savant.

Le Tasse publie la *Jérusalem délivrée* ; il éprouve un violent chagrin ; le cours du fluide change de direction : le Tasse est enfermé à quarante ans dans l'hôpital des fous.

Ce fluide circule avec plus ou moins de lenteur dans certaines parties ; son cours s'affaiblit avec la machine qu'il anime ; il n'est plus aussi rapide dans la vieillesse, parce qu'il ne coule que difficilement dans des parties qui ont une tendance continuelle à s'ossifier ; à l'instant où il s'arrête, l'individu n'est plus. Mais, répandu dans tout l'univers, il ne cesse point d'exister à la mort de l'homme ; son cours est simplement arrêté dans toute la machine ; il anime d'autres individus dont les organes sont aptes à la vie.

Ce système, au premier coup d'œil, a quelque

chose de séduisant. Il explique assez bien les phénomènes de notre intelligence, parce qu'on peut dire de notre âme tout ce que je viens de dire de notre fluide. Comme système, celui-ci en vaut donc un autre. On pourrait l'examiner sans alarmer les consciences et sans éveiller les scrupules. Mais que gagnerait-on à l'approfondir ? Il s'agit ici d'une matière inaccessible à l'esprit de l'homme, et qui n'est susceptible d'aucune démonstration physique, eût-on le raisonnement aussi délié que le fluide dont nous venons de parler.

Certains charlatans se sont servi de substances dangereuses pour produire des effets prétendus magnétiques à l'aide de l'éther ou du chloroforme, afin, disaient-ils, d'agir avec plus d'énergie et ne pas manquer leur effet.

## Suspension éthéréenne.

Si vous voulez intriguer le public..... bravo ! mais si vous donnez cette prétendue suspension comme un effet magnétique, vous êtes des *floueurs!* D'abord, soit horizontalement, couché sur une pomme de canne, ou perpendiculairement au fond d'une scène quelconque, *pendus comme des loques à un porte-manteau*, toutes ces merveilles ne sont produites qu'avec des mécanismes dissimulés sous les vêtements et auquel tout somnambulisme est étranger.

Pour l'expérience que reproduit la figure 42, représentez-vous une forte barre de fer articulée d'avant en arrière, ne faiblissant pas sur les autres sens, et fixée en dessous des effets d'habillement, de sorte qu'elle soutient horizontalement le corps du prétendu dormeur, tandis que la canne qui le supporte, entrant d'un bout dans le plancher, de l'autre s'enfonce dans un petit tube ménagé à la charnière du coude

Faut-il expliquer les suspensions en groupe au fond de scènes théatrales ou foraines, c'est bien plus simple, ma foi ! Pendant que les sujets sont encore sur les objets solides qui les exhaussent du sol, et qu'on leur doit retirer sans danger un instant après, un compère introduit dans les tubes des *corsets de fer* un *crampon* figurant assez bien les porte-chapeaux, et fixé dans le mur ou tout autre corps solide.

## Double vue dévoilée.

### TABLES TOURNANTES, ETC.

Nous avons dit que des prétendus magnétiseurs avaient employé l'éther, le chloroforme pour produire l'extase ; mais comme de graves dangers en pouvaient résulter, ils ne firent plus qu'un simulacre d'emploi de ces substances dangereuses ; et dissimulant adroitement leur savoir-faire, continuèrent toujours l'usage de l'éthérisation pour le public, tandis qu'il n'y avait au fond de tout cela que quelques gouttes d'éther de répandues à terre, pour faire croire à son emploi, et ensuite un catéchisme de convention qui entretint encore longtemps l'illusion.

Tout le monde a Paris a assisté aux séances de seconde vue, faites au Palais-Royal par M. Robert-Houdin, et aux spectacles-concerts, par M. Gandon, comme simple récréation de physique. (Voy. fig. 43.)

Notre but, en dévoilant aujourd'hui le secret de leurs expériences, est non seulement d'offrir une récréation très-agréable, mais encore cela servira à rendre le public moins crédule à l'égard de certaines gens, qui souvent empruntent le nom de magnétiseurs, et qui n'obtiennent des résultats qu'à l'aide de conventions apprises d'avance. Faire connaître les procédés simples qui servent à entretenir l'illusion du peuple, c'est le prémunir contre les charlatans, qui ne savent que trop mettre à profit son inexpérience; en un mot, c'est rendre service à l'humanité.

Avant de commencer, racontons comment la combinaison de la double vue fut trouvée, ou plutôt ce qui en a fourni les premiers éléments. Tous nos anciens traités de physique (à l'article de la carte touchée), s'exprimaient ainsi, pour deviner, sans toucher aux cartes, les yeux bandés même si on l'exige, quelle carte on aura touchée du bout du doigt, dans votre absence, sur les trente-deux qui sont étalées sur une table. On conçoit que cela est impossible sans le secours d'un compère. Voici la manière dont il faut procéder :

On arrangera les cartes sur quatre lignes, les unes au-dessous des autres : votre compère saura que la première ligne sera désignée par vous sous le nom *des jours*, la seconde représentera les *semaines*, la troisième les *mois*, la quatrième les *années;* le compère fera attention qu'il doit compter les jours en haut, et la première carte par sa gauche ; mais, pour mieux faire comprendre cela, nous allons figurer le jeu de cartes par numéros.

| Jours. | 1 | 2 | 3 | 4 | 5 | 6 | 7 | 8 |
|---|---|---|---|---|---|---|---|---|
| Semaines. | 1 | 2 | 3 | 4 | 5 | 6 | 7 | 8 |
| Mois. | 1 | 2 | 3 | 4 | 5 | 6 | 7 | 8 |
| Années. | 1 | 2 | 3 | 4 | 5 | 6 | 7 | 8 |

Les cartes étant ainsi arrangées, celui qui doit deviner se retirera en tel lieu qu'on pourra l'exiger. Quand on jugera à propos de le faire rentrer, soit qu'on lui ait bandé les yeux, soit qu'on lui laisse la faculté de voir, il fera semblant de compter en lui-même, assez longtemps, pour que le compère puisse lui dire, sans affectation et sans être soupçonné de connivence : Je vous donne ou je lui donne *tant de temps* pour deviner ; car c'est dans cette phrase que se trouve tout le secret du jeu ainsi qu'on va le voir.

Je suppose que la carte touchée soit une de celles que j'ai marquées *, **, *** ; si c'est la première, le compère dira : Je lui donne bien huit jours pour deviner ; alors le devin prétendu, commençant par la ligne du haut, qui est celle des jours, pourra déclarer, sans hésiter, que la carte touchée est la huitième de la première ligne horizontale, ou la première de la huitième ligne perpendiculaire. Si c'était la carte tenant la place du n° marqué ici par **, on dira trois mois, et sept ans pour celle que nous avons désignée par ***. Ainsi, quelle que soit la carte qu'on ait touchée, en commençant par la ligne des *jours* par le haut, et en commençant à compter un, par la gauche du compère et du devin, il sera très-facile de désigner la carte touchée, sans que personne s'en doute. Cela dit :

Voici le catéchisme de convention, adopté par toutes les personnes qui font ou feront à l'avenir le *truc* de la double vue, à quelques variantes près. Avec ce répertoire, on peut deviner tous les objets qui peuvent exister, en ayant soin de les classer d'après l'indication suivante. Pour opérer, deux personnes devront s'entendre parfaitement entre elles ; l'une fera les demandes et l'autre les réponses, cette dernière ayant la vue bandée par plusieurs foulards. La première ainsi que la seconde ont besoin d'une connaissance exacte des numéros suivants, ainsi que leurs correspondances.

| | | |
|---|---|---|
| 1 A présent. | 8 | Quel. |
| 2 Répondez. | 9 | Vite. |
| 3 Nommez. | 10 | Dites. |
| 4 Quel est l'objet ou la | 20 | Dites-moi. |
|   chose. | 30 | Je vous prie. |
| 5 Tâchez. | 40 | Voulez-vous. |
| 6 Encore. | 50 | Voulez-vous me. |
| 7 De suite. | 60 | Voulez-vous nous. |

*Exemple :* Ajoutez la question du nombre simple à la question de la dizaine, ainsi qu'une addition.

En prononçant : Dites à présent, 11. Décomposez ces mots : *Dites*, nº 10 ; *à présent*, nº 1. Total, 11.

Cela forme donc la question 11.

Dites-moi quel nombre ? 28. Décomposez . *Dites-moi*, nº 20 ; *quel*, 8. Total, 28.

Je vous prie de suite , 37. Décomposez : *Je vous prie*, nº 30 ; *de suite*, 7. Total, 37.

Toutes les expressions ou paroles qui suivent sont indépendantes de la réplique, et ne font qu'embellir la question , en servant également à désigner ce dont il s'agit, comme dans ces trois phrases :

*Quest.* 7 De suite, *ce que je tiens ? R.* Une montre.
— 9 Vite *l'heure* — Neuf heures.
— 30 Je vous prie (2) *répondez les minutes* — 32 minutes.

## TABLEAU

DES QUESTIONS ET DES RÉPONSES CORRESPONDANTES.

*Première dizaine.*

1. A présent ce que je tiens ? — Une chevalière.
2. Répondez ce que je tiens. — Une épingle.
3. Nommez ce que je tiens. — Un camée.
4. L'objet que je tiens. — Un anneau.
5. Tâchez de dire ce que je tiens. — Un bouton.

6. Encore ce que je tiens. — Une chaîne.
7. De suite, ce que je tiens. — Une montre.
8. Quel est l'objet que je tiens. — Un cachet.
9. Vite ce que je tiens. — Une clef.

### Deuxième dizaine.

10. Dites ce que je tiens. — Un mouchoir.
11. Dites à présent ce que je tiens. — Une tabatière.
12. Dites, répondez ce que je tiens. — Une paire de lunettes.
13. Dites et nommez ce que je tiens. — Une boîte.
14. Dites l'objet que je tiens. — Une boucle.
15. Dités et tâchez de dire ce que je tiens. — Un chapeau.
16. Dites encore ce que je tiens. — Une casquette.
17. Dites de suite ce que je tiens. — Un bonnet.
18. Dites quel est l'objet que je tiens. — Un parapluie.
19. Dites vite ce que je tiens. — Une ombrelle.

### Troisième dizaine.

20. Dites-moi ce que je tiens. — Une bourse.
21. Dites-moi à présent ce que je tiens. — Une pipe.
22. Dites-moi, répondez, ce que je tiens. — Un couteau.
23. Dites-moi et nommez ce que je tiens. — Un lorgnon.
24. Dites-moi l'objet que je tiens. — Un canif.
25. Dites-moi, et tâchez de dire ce que je tiens. — Une aiguille.
26. Dites-moi encore ce que je tiens. — Un étui.
27. Dites-moi de suite ce que je tiens. — Un dé à coudre.
28. Dites-moi quel est l'objet que je tiens. — Des ciseaux.

29. Dites-moi vite ce que je tiens. — Une canne.

*Quatrième dizaine.*

30. Je vous prie de dire ce que je tiens. —Un portefeuille.

31. Je vous prie de dire à présent ce que je tiens. — Un papier.

32. Je vous prie de dire, répondez, ce que je tiens. — Un livre.

33. Je vous prie de dire, nommez ce que je tiens. — Du cuir.

34. Je vous prie de dire l'objet que je tiens. — Un cure-dent.

35. Je vous prie de dire, et tâchez de ne pas vous tromper, ce que je tiens. — Une paille.

36. Je vous prie de dire encore ce que je tiens. — Un peigne.

37. Je vous prie de dire de suite ce que je tiens.— Un peigne.

38 Je vous prie de dire quel est l'objet que je tiens. — De l'écaille.

39 Je vous prie de dire vite ce que je tiens. — Une pièce de monnaie.

*Cinquième dizaine.*

40 Voulez-vous dire ce que je tiens ?—Une blague.

41. Voulez-vous dire à présent ce que je tiens ? — Un porte-monnaie.

42. Voulez-vous dire, répondez, ce que je tiens?— Un cigare.

43. Voulez-vous dire, nommez ce que je tiens ?— Une canne.

44. Voulez-vous dire l'objet que je tiens? — Un cachemire.

45. Voulez-vous dire, et tâchez, ce que je tiens ?— Un bonnet de coton.

46. Voulez-vous dire encore ce que je tiens? — Un journal.

47. Voulez-vous dire de suite ce que je tiens?— Des gants.

48 Voulez-vous dire quel est l'objet que je tiens? — Un sac.

49. Voulez-vous dire vite ce que je tiens? — Un couteau.

QUESTIONS POUR LES LIQUIDES DESTINÉS AUX CAFÉS, ESTAMINETS, ETC.

1. A présent ce que je tiens. — Une bouteille.
2. Répondez ce que je tiens. — Une choppe.
3. Nommez ce que je tiens. — Un verre.
4. L'objet que je tiens. — Une tasse.
5. Tâchez de dire ce que contient ce vase.— De l'eau sucrée.
6. Encore ce que contient ce vase. — Du vin.
7. De suite ce que contient ce vase. — De la bière.
8. Quel est le liquide que contient ce vase?— Du cassis.
9. Vite, quel est le liquide que contient ce vase. — De l'absinthe.
10. Dites ce que contient ce verre.— De l'anisette.
11. Dites.à présent ce que contient ce vase. — Du rhum.
12. Dites, répondez, ce que contient ce verre.—Du kirch.
13. Dites et nommez ce que contient ce verre.— Du curaçao.
14. Dites le liquide que contient ce verre. — Du genièvre.
15. Dites, et tâchez, ce que contient ce verre. — Du café.
16. Dites encore ce que contient ce verre. — De l'orgeat.

17. Dites de suite ce que contient ce verre. — De la groseille.
18. Dites quel est ce liquide. — Un groog.
19. Dites vite ce que contient ce verre. — Un croquet.
20. Dites-moi ce que je tiens. — Un biscuit.
21. Dites-moi à présent ce que je tiens. — Un plateau.

### POUR LA FORME DES OBJETS.

1. A présent, la forme. — Triangulaire.
2. Répondez, la forme. — Ronde.
3. Nommez la forme. — Carrée.
4. La forme. — Ovale.
5. Tâchez d'indiquer la forme. — Pointue.
6. Encore, indiquez la forme. — Plate.

### POUR LES COULEURS.

1. A présent, la couleur. — Blanche.
2. Répondez, la couleur. — Bleue.
3. Nommez la couleur. — Rouge.
4. La couleur de cet objet. — Noire.
5. Tâchez de dire la couleur. — Verte.
6. Encore la couleur. — Jaune.
7. De suite la couleur. — Rose.
8. Quelle est la couleur. — Grise.
9. Vite la couleur. — Violette.
10. Dites la couleur. — Brune.
11. Dites à présent. — Lilas.
12. Dites, répondez. — Orange.

### POUR LES MÉTAUX.

1. A présent, le métal. — En or.
2. Répondez, le métal. — En argent.
3. Nommez le métal. — En platine.
4. Le métal de cette chose. — En cuivre.

5. Tâchez de dire le métal. — En acier.
6. Encore le métal. — En fer.
7. De suite le métal. — En plomb.

POUR LES HEURES OU CHIFFRES.

| | | |
|---|---|---|
| Ah ! | Le chiffre ou l'heure. | 1 |
| Bien ! | — | 2 |
| C'est bon ! | — | 3 |
| C'est bien ! | — | 4 |
| Bon ! | — | 5 |
| Mais ! | — | 6 |
| Voyons ! | — | 7 |
| C'est cela ! | — | 8 |
| Très-bien ! | — | 9 |
| Maintenant ? | — | 10 |
| Dites ! | — | 15 ou 1/4 |
| Veuillez.... | — | 30 ou 1/2 |
| Pouvez-vous ? | — | 45 ou 3/4 |

Les dix exclamations précédentes peuvent servir pour faire indiquer la valeur des cartes dans le tableau suivant :

POUR LES CARTES A JOUER.

1. A présent, nommez la famille de cette carte. — Trèfle.
2. Répondez, la famille de cette carte. — Cœur.
3. Nommez la famille de cette carte. — Pique.
4. La famille de cette carte. — Carreau.
5. Tâchez de nommer la valeur de cette carte. — Roi.
6. Encore, la valeur de cette carte. — Dame.
7. De suite, la valeur de cette carte. — Valet.
8. Quelle est la valeur de cette carte. — As.

D'autres personnes adoptent, pour cette expérience, la classification alphabétique ; appelant ainsi les cartes suivantes :

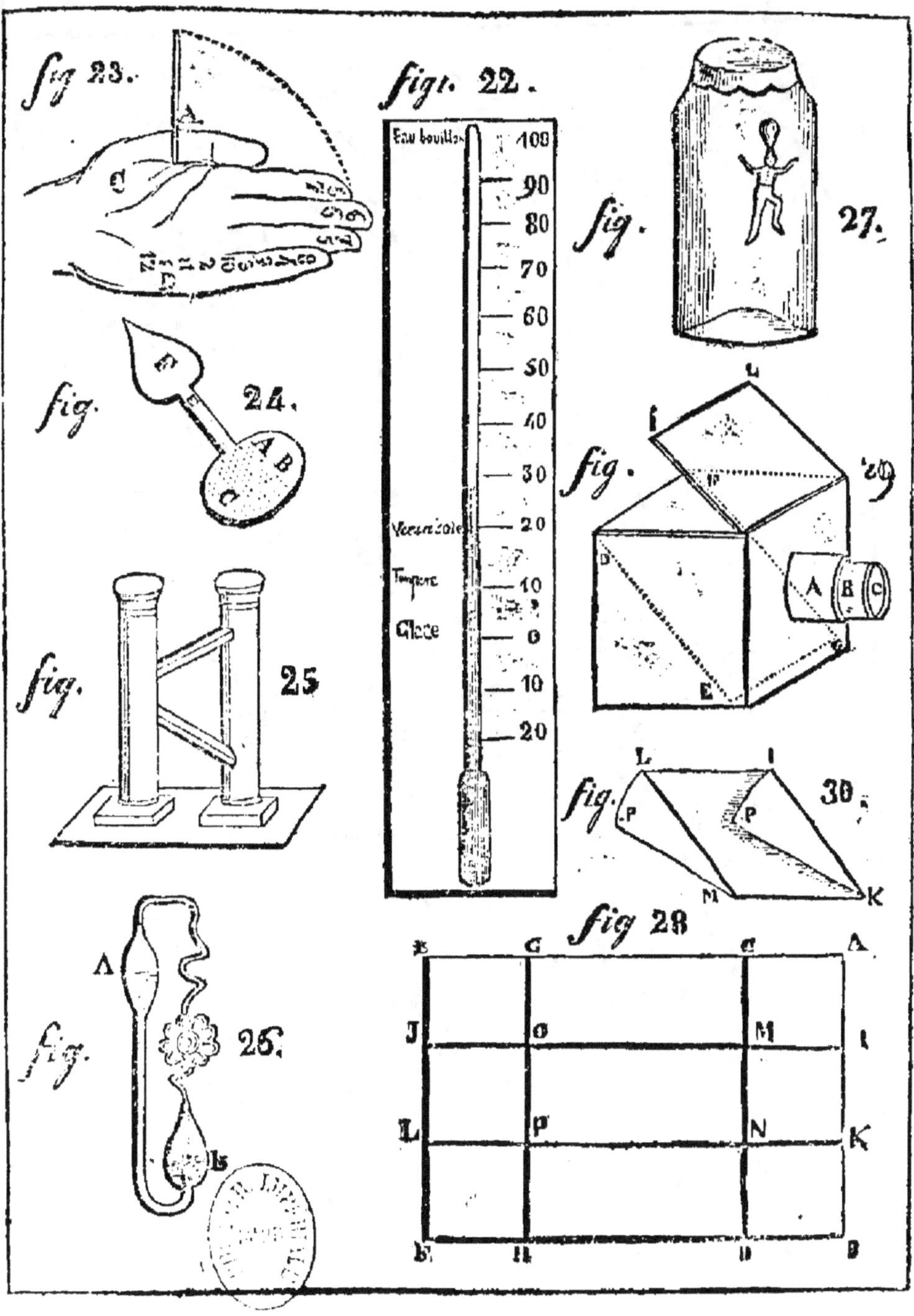

fig. 23.
fig. 22.
fig. 27.
fig. 24.
fig. 25
fig. 25.
fig. 29.
fig. 30.
fig. 28.
Eau bouillante
Vermicole
Tempéré
Glace
100
90
80
70
60
50
40
30
20
10
0
10
20

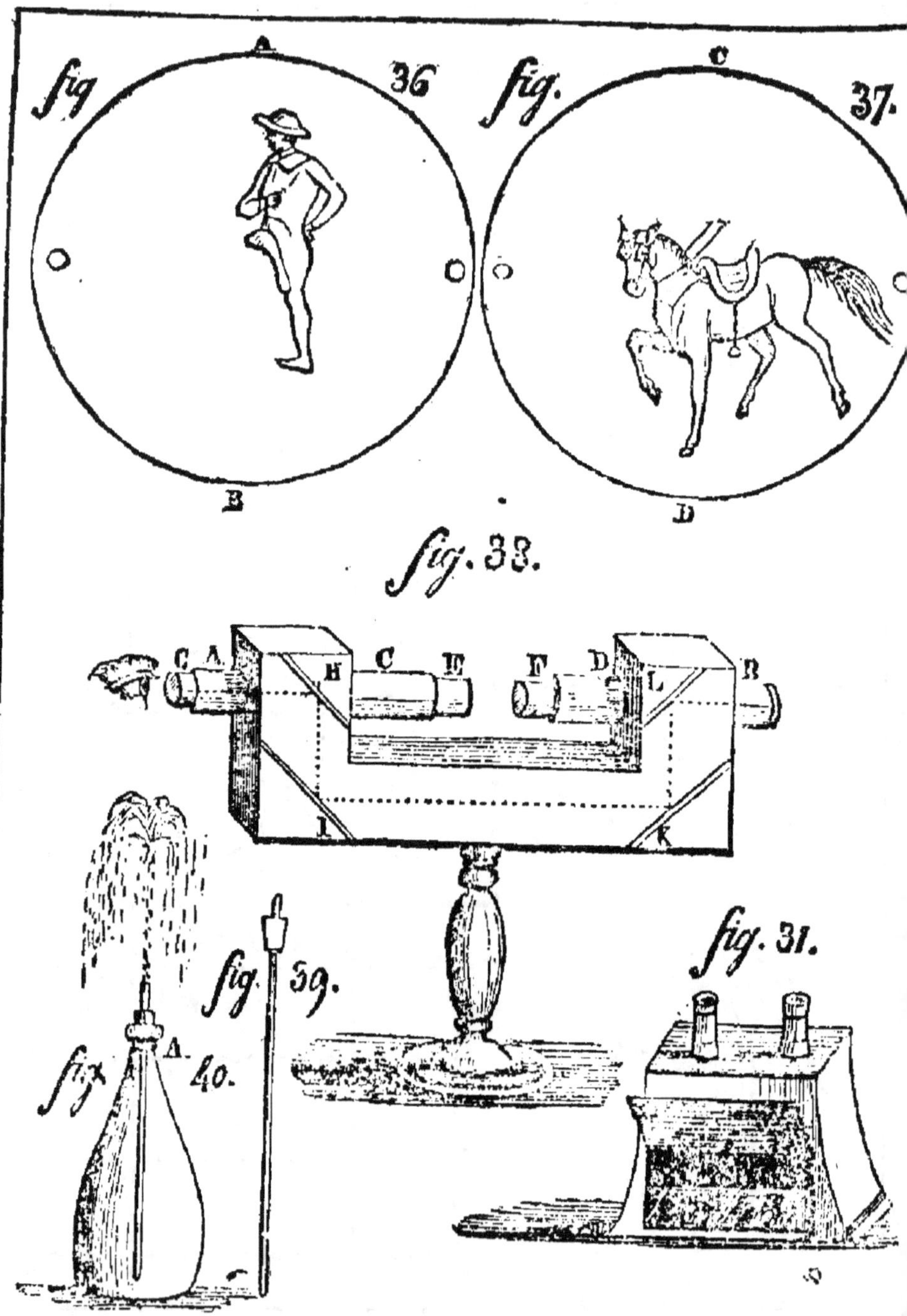
fig.
36
fig.
37.
A
C
B
D
fig. 33.
G A.
H C E
F D L R
I
K
fig. 39.
A
40.
fig.
fig. 31.

| | | | |
|---|---|---|---|
| Le roi de cœur, | A | Le valet de cœur, | I |
| — de trèfle, | B | — de trèfle, | J |
| — de pique, | C | — de pique, | L |
| — de carreau, | D | — de carreau, | M |
| La dame de cœur, | E | L'as de cœur, | N |
| — de trèfle, | F | — de trèfle, | O |
| — de pique, | G | — de pique, | P |
| — de carreau, | H | — de carreau, | Q |

Il en est de même pour les autres cartes. Alors il suffira, en adressant la question à la personne qui a les yeux bandés, de commencer votre phrase par la lettre représentant la carte qu'il faut nommer. Supposons qu'une personne ait tiré la *dame de trèfle*, vous dites : Faites-moi le plaisir de nommer la carte tirée par M***. Aussitôt le compère nomme la *dame de trèfle*, par la même raison que votre phrase interrogative commence par un *F* qui, selon votre convention, représente la *dame de trèfle*. Si une autre a tiré le *roi de cœur*, vous dites : Ayez l'obligeance de me nommer cette carte. Votre phrase commençant par A, et A étant le nom convenu du *roi de cœur*, le devin répondra sans hésiter. Il en sera de même pour toutes les autres figures ; il suffira toujours que l'opérateur, à qui on remettra la carte tirée, commence la question par un mot dont la première lettre représente la carte dont il demande le nom.

*Nota.* Pour les points des cartes basses, procédez comme pour les heures.

### POUR LES PIÈCES DE MONNAIE.

1. A présent, le règne. — La République.
2. Répondez, le règne. — Napoléon Ier.
3. Nommez le règne. — Louis XVIII.
4. Le règne. — Charles X.

5. Tâchez de dire le règne. — Louis-Philippe.
6. Encore le règne. — La République de février.
7. De suite. — C'est une pièce étrangère.
8. Quel règne. — Louis-Napoléon.
9. Vite le règne. — Napoléon III.

*Exemple.* — 39. Je vous prie de dire vite ce que je tiens... Une pièce de monnaie. — A présent le métal... Or. 1. — Dites-moi sa valeur... 10 1. fr. — Encore le règne ? 6... République de février. — Voulez-vous dire, 9, vite son millésime ?... 1849.

Il est facile, ayant appris ce petit catéchisme, de l'augmenter à l'infini en observant la règle que nous venons de donner.

#### EXPÉRIENCE DE DOUBLE VUE SANS CORRESPONDANCE APPARENTE.

S'il se trouve dans la société des personnes qui tiennent à embarrasser l'exécutant ou qui aient découvert son système d'interrogation, le seul moyen de se tirer d'embarras est celui-ci :

Ayez avec votre compère un petit catéchisme d'une vingtaine de mots ou noms usuels, tels que *montre, bague, canne, chapeau, etc.*, alors vous dites à l'assemblée : Pour preuve qu'il n'existe aucun catéchisme entre nous, mon sujet va passer dans la pièce voisine ; vous lui banderez, non pas les yeux, mais les oreilles, il n'en continuera pas moins de nommer les objets que je vais désigner du doigt, sans que j'aie besoin de proférer une seule parole.

Alors vous donnez un signal quelconque pour réclamer le silence, ou si votre sujet a l'ouïe interceptée par excès d'exigence, vous invitez une personne de la société à passer de son côté pour être assurée qu'il n'y a pas de compérage, et ceci donne le signal que vous êtes prêt à commencer. Une minute d'intervalle après il répond à votre indication muette, *c'est une montre*, en supposant que cet objet tienne le premier rang dans votre catéchisme ; vous indiquez alors du doigt l'objet tenant la seconde place sur votre liste, et ainsi de suite, que votre sujet nomme également sans difficulté, toujours en vous donnant un peu de repos, attendu qu'il pourrait arriver que, s'il répondait trop vite, vous n'eussiez pas eu le temps de trouver ou indiquer du doigt l'objet tenant le rang convenu dans votre répertoire. Voici à peu près tout le secret de certains magnétiseurs, et cette expérience produit toujours un effet surprenant.

Comme quantité de gobe-mouches, en achetant ce livre, et voyant exécuter la double vue sur les places publiques ou dans les baraques foraines, crieraient à l'imposture en parcourant nos observations s'ils n'y reconnaissaient pas de concordances avec les expériences qui se passent sous leurs yeux, disons qu'il est constant que, sur quelques soi-disant magnétiseurs, dix n'opèrent pas de la même manière, les phrases du questionnaire et les réponses étant facultatives.

Néanmoins, vous voyez bien, nous disait ces jours passés, aux Champs-Élysées, un profond admirateur des miracles de la borne, cette jeune personne qui a la vue bandée est bien réellement somnambule et des plus lucides, car c'est moi-même qui l'ai questionnée! Or, il est bon d'édifier nos lecteurs sur ce fait prodigieux, ce qui nous sera d'autant plus facile que les deux compères avaient puisé leur science dans notre volume, en y faisant, il est vrai, plusieurs additions.

Voici l'expérience (laissons un instant parler nos exécutants) :

« Messieurs et dames, pour prouver à l'aimable société qui nous environne qu'il n'existe, entre moi et Mlle R..., aucune phrase de convention, diverses personnes de la société vont avoir l'honneur (textuel) d'adresser elles-mêmes leurs questions. » Alors, avisant le spectateur dont nous parlions à l'instant, et qui d'un air grave s'appuyait sur sa canne : « Monsieur, » ajouta-t-il, en parlant haut et l'indiquant de la main, « *voulez-vous prier vous-même mademoiselle de nommer ce que vous tenez ?* » Un peu d'attention doit suffire à nos lecteurs pour prendre au milieu des mots de remplissage prononcés ici, les questions que nous indiquons page 67, de ce livre. *Voulez-vous ?* commençant l'interrogation par le n° 40, l'action principale, *nommer*, est le n° 3 , ce qui, additionné ensemble , donne la question 43 très-logiquement placée. Aussi la prétendue somnambule répondit instantanément à la demande *inutile* du spectateur : C'est une canne. (Voir cette question, page 69, ligne 29.)

Chacun comprendra facilement qu'une personne indiquée par le questionneur, et tenant en main canne, parapluie, ombrelle, sac, cravache, pipe, etc., n'ira pas fouiller ses poches pour se munir d'un autre objet; ensuite, comme variété à la séance, c'est toujours de droite à gauche du cercle des spectateurs que l'on s'adresse, et jamais deux fois au même , cela sentirait le compère pour le public et serait gênant pour l'opérateur.

Actuellement, puisque nous tenons les expériences en plein vent, expliquons ce que l'on pourrait prendre pour une omission. Les principaux clients des physiciens et magnétiseurs de carrefour, étant les domestiques sans place, les troupiers, les bonnes d'enfants, les filles qui se croient adorées ou celles qui enragent de ne pas l'être, voici quelques questions les plus usitées en ce qui les concerne :

**POUR LES HOMMES ET FEMMES A GAGES.**

Attention ! De quel sexe est cette personne ? — C'est un homme.

Silence ! s'il vous plaît, dans le cercle. De quel sexe, etc. — C'est une femme.

*Nota.* Ces deux mots *attention* et *silence*, placés pour la première fois ici, servent à différencier les sexes.

Bien ! veuillez dire l'âge ? — 32 ans 1/2.

*Exemple.* Page 72, série des chiffres *bien* est le n° 2, et *veuillez* le n° 30, cela fait 32 ans ; comme cette nomenclature réservée aux chiffres et aux heures porte 30 ou demi-heure. Si vous voulez indiquer que le nombre et la demie doivent figurer ensemble, toussez légèrement en interrogeant votre sujet, comme cela se pratique ordinairement ; faites-vous conter à l'oreille, par la personne consultante, les détails qui l'intéressent ou la concernent, et posez vos questions d'après votre répertoire en ajoutant deux mots de convention pour oui et non.

Reprenons nos questions :

La couleur de ce vêtement ? (Page 71, n° 4.) — Noir.

Monsieur (ou madame) est-il marié ? — Oui ou non.

A-t-il, ou aura-t-il, des enfants ? — Oui ou non.

A-t-il, ou aura-t-il, un amant, une maîtresse, etc. — Oui ou non (1).

(1) Il est bien entendu que toutes les questions faites dans ce genre ne se font que pour distraire la société, après avoir satisfait aux demandes des principaux consultants.

*Nota.* Les réponses *oui* et *non* se font suivant le sexe de la personne et le sens des questions posées, comme dans celles qui suivent : Se mariera-t-il bientôt? Fréquente-t-il sa maîtresse pour le bon motif? Lui est-on fidèle? Est-il c... ? etc.

Très-bien! combien monsieur (ou madame) a-t-il d'enfants? (*Très-bien!* page 72.)

Bon! Combien de filles? (*Bon!* n° 5, page 72.)

Maintenant! Depuis combien de mois ou jours (c'est le questionneur qui indique ce mot) monsieur est-il à Paris, ou sans place? (*Maintenant,* page 72.) — Dix jours ou mois.

Dites, de suite, dans combien il sera placé? (*Dites,* page 71, n° 10, et *de suite,* n° 7, total 17.) C'est donc dix-sept jours ou mois.

On comprendra, sans doute, que tout ce qui touche l'avenir est un *jeu de hasard*, ainsi que les prétendues feuilles d'horoscopes ou bonnes aventures noires, dorées, ou portefeuilles magiques.

### POUR LES MILITAIRES.

Adoptez avec votre compère des mots correspondants à ceux qui suivent : Infanterie de ligne, infanterie légère, voltigeur, grenadier, marin, artilleur, cavalier, etc., et ainsi que des bas grades, ou continuez de suivre la méthode employée jusqu'ici.

### Exemples.

1. A présent, le régiment ou l'arme? (Page 67.)— Cuirassier.
2. Répondez, quel. etc.? — Dragon.
3. Nommez le, etc. — Lancier.
4. Le régiment? — Chasseur.
5. Tâchez de dire, etc. — Artilleur.
6. Encore, etc. — Zouave.
7. De suite, etc. — Spahis.

Vous vous entendez de la sorte pour la hiérarchie des grades ; puis, pour l'âge, le numéro du tirage au sort, des années de service et des campagnes, procédez d'après le tableau des chiffres de la page 72.

Pour toute question de galanterie, opérez comme à la série précédente.

Pour les bonnes d'enfants et filles à marier, faites nommer l'âge, la couleur des effets, des yeux et des cheveux à l'aide des renseignements de la page 88. Passez en revue la forme et le métal des bijoux, page 71. Pour les amants, les enfants et autres questions égrillardes, voyez la série des gens à gages. Si la consultante a moins de vingt ans, faites-vous remettre par elle une pièce *bien marquée*, d'un ou de deux sous ; vous dites à votre sujet d'en nommer le règne et le millésime (voir page 73) ; puis vous ajoutez : Mademoiselle se mariera-t-elle bientôt ? (si elle a déclaré être fille). Votre compère répondra : Que mademoiselle additionne la date de créaion de la pièce qu'elle vous a remise, elle saura à tquel âge elle cessera d'être demoiselle.

*Exemple.* Si la pièce est de 1792, elle produira 19 ans. Savoir : $1 + 7 + 9 + 2 = 19$ (1) ; 93, produira 20 ans ; 94, 21 ans ; 95, 22 ans, etc., etc. ; plus la pièce de monnaie sera jeune, plus elle indiquera que la demoiselle restera vieille fille.

Enfin, mille récréations de société peuvent naître de notre méthode, et, comme nous l'avons dit page 74, il est facile, ayant appris ce petit catéchisme, de l'augmenter à l'infini en observant la règle que nous donnons, dût-on changer ou transposer toutes les interrogations.

(1) Ce signe $+$ veut dire *plus*, et celui-ci $=$ *égale à*, ou le total de l'addition.

# Tables tournantes,

### ESPRITS FRAPPEURS, ROTATION DES CHAPEAUX.

C'est à deux jeunes filles de Rochester, en Amérique, deux sœurs, que l'Europe est redevable de la connaissance des phénomènes qui captivent toute son attention dans ce moment. Les demoiselles Fox, tel était leur nom, âgées l'une de 13 ans et l'autre de 15, prétendirent que des esprits se manifestaient à elles, et qu'elles entraient en communication avec eux ; ils annonçaient leur présence par de petits coups frappés dans les tables près desquelles elles étaient, ou par des mouvements imprimés à ces mêmes tables. Ces faits étranges, les demoiselles Fox les montrèrent au milieu de réunions nombreuses. Ils parurent si extraordinaires, qu'après avoir vu et entendu, on doutait encore, on soupçonnait quelque machination de la part de ces deux enfants. Pour s'assurer de leur bonne foi, on résolut de les faire examiner attentivement. En conséquence, elles comparurent dans l'amphithéâtre de médecine de l'université du Missouri, en présence de cinq à six cents personnes. Un comité d'investigation était chargé de surveiller les expériences dirigées par le doyen de la Faculté, homme célèbre par sa science médicale.

Toutes les expériences réussirent cette fois comme précédemment, et il fut démontré que le galvanisme et l'électricité n'étaient pour rien dans la production de ces phénomènes. Le doyen de la Faculté terminait son rapport par ces mots : « Je déclare publiquement que je crois à l'immortalité de l'âme, à l'existence des esprits, et à leur communication par des moyens physiques. »

# Boussole magnétique.

Prenez un bouchon, placez-le sur une table avec

une aiguille fixée perpendiculairement dedans par son extrémité la moins aiguë ; sur la pointe, au contraire, disposez un petit morceau de papier horizontalement ; tenez la main droite à 5 centimètres de cet appareil, et aussitôt une rotation de droite à gauche se manifestera. Cet instrument est bien simple, cependant il embarrassera plus d'un savant. Déjà ils ont prétendu que l'effet était dû au calorique qui se dégageait de la main, mais c'est une erreur de plus à ajouter à celles dans lesquelles ils sont tombés précédemment. En effet, si on prend une petite boule de métal chauffée, et qu'on l'approche de l'appareil, il restera insensible à l'action de la chaleur.

## Les Tables tournantes.

Voici les conditions reconnues nécessaires pour opérer avec succès. Autant qu'on le peut, la chaîne doit être formée par des personnes de sexes différents.

Entre les opérateurs, il doit régner une entente parfaite pour que leurs volontés soient les mêmes ; s'il s'en trouvait de contraires, l'effet ne serait que faible ou même pourrait être entièrement nul. Il faut avoir soin, aussi, d'éviter toute communication avec ceux qui sont étrangers à l'expérience ; il n'est pas nécessaire, comme on l'avait cru d'abord, d'être en contact les uns avec les autres à l'aide du petit doigt ; ayez soin seulement d'alterner autant que vous pourrez, c'est-à-dire qu'une femme se placera entre deux hommes. (Voir la fig. 44.)

## Rotation des chapeaux.

Renversez un chapeau sur une table, le fond du chapeau touchant au bois, que deux personnes se tiennent face à face, les mains appuyées sur le bord, et en communication, comme dans l'expérience précédente, et la rotation ne tardera pas à se produire. (Fig. 45.)

### Tables qui se meuvent et écrivent.

Ayez une petite planchette de bois (la nature du bois ne fait rien), de 33 cent. carrés et très-mince; enfoncez à deux angles parallèles une épingle la tête en bas; en face, en regard de ces deux supports et faisant triangle, fixez un petit crayon de mine de plomb, de la même longueur que les épingles, ce qui de la sorte formera une table à trois pieds; placez sur une table ou autre meuble en bois, une feuille de papier blanc, et mettez dessus votre petit trois-pieds. Cela préparé, que deux personnes se mettent en communication d'idée : une seule a besoin d'être *lucide*; toute autre peut faire la seconde et celle-là servir même de consultante; posez le plus légèrement possible l'extrémité de vos doigts sur les bords de votre petit appareil; celà face à face, comme à l'expérience des chapeaux; quelques instants après votre question faite, vous sentirez un léger frémissement de la table sous vos doigts, alors vous élevez insensiblement vos mains, pour qu'elles ne fassent pas pression, et vous leur faites suivre régulièrement tous les mouvements que fera la petite table, en y apportant la plus grande attention; retirez ensuite votre papier, le crayon formant l'un des trois pieds dans le va-et-vient qu'il aura exécuté, vous aura tracé très-lisiblement la réponse demandée.

Comment se produit le phénomène ? Il est comme tous ceux qui ont rapport au magnétisme; je l'ai vu produire, j'y ai participé, j'en suis demeuré émerveillé, mais je n'ai pu le comprendre. Et le roi de la prestidigitation, le célèbre Robert-Houdin, dont la réputation est européenne, dans une lettre qu'il écrivait à un de ses amis, en sortant d'assister à l'une des expériences dont j'étais spectateur comme lui, disait : « Je suis donc revenu de cette séance « aussi émerveillé que je puisse l'être, et persuadé « qu'il était tout à fait impossible que le hasard ou « l'adresse puisse jamais produire des effets aussi « merveilleux. »

## Girouette Magnétique.

Placez sur une table, dans une chambre quelconque, et sous l'abri d'une cloche de fer, l'instrument dont nous allons donner ici la description ; il prend au bout de quelques secondes la direction du vent régnant. Cet instrument consiste en une lame mince de bois, de 9 ou 12 centimètres de longueur, qui est librement suspendue, comme l'aiguille d'une boussole sur un pivot d'acier, au moyen d'un godet d'agate inséré dans le bois. A l'une des extrémités de la règle, et sur un tiers de sa longueur, règne une fente dans laquelle sont ajustés trois ou quatre aimants, placés en ligne droite, à un demi-pouce environ les uns des autres. Ces aimants sont fort légers, et formés de ressorts de montre, redressés et coupés en morceaux dont la longueur varie depuis 3 jusqu'à 9 centimètres. Ils sont fixés dans une longueur perpendiculaire à l'horizon, et par conséquent dépourvus de toute polarité, et tous ont leur pôle sud dirigé au-dessus de la règle de bois, et leur pôle nord au-dessous.

Cet instrument peut fournir des inductions intéressantes, soit sur les rapports du magnétisme avec l'électricité, soit sur la probabilité qui est ainsi mise en évidence, que les vents variables sont dus à des courants électriques : mais ce qui pourra le rendre d'une haute importance, c'est que ces indications devancent d'un quart d'heure et quelquefois d'une demi-heure les changements qui surviennent dans la direction des vents, de même que fait le baromètre pour les variations du temps.

## De l'électricité (comme éclairage).

Il est grandement question d'éclairer Paris au moyen de la pile voltaïque récemment inventée. Le procédé consiste à placer un foyer de braise noire de boulanger entre deux pointes de métal. Le courant électrique établi par la pile, illumine cette braise en passant de l'une à l'autre pointe, et produit un effet vraiment merveilleux. La lumière ainsi obtenue a un éclat si vif, qu'on ne peut la comparer qu'à celui du soleil.

## Télégraphie ancienne.

Tout le monde a vu pendant 50 ans fonctionner les télégraphes et un très-petit nombre seulement a cherché d'en connaître l'inventeur. C'est à Angers qu'en vint l'idée première, aux frères Chappe, tous les deux pensionnaires dans deux établissements placés en amphithéâtres sur les bords de la Maine, et en regard l'un de l'autre.

L'aîné Chappe, considéré comme un écolier peu studieux, était pensionnaire dans l'ancien couvent dit de *la Beaumette,* et souvent, comme punition, ne participait pas aux sorties du jeudi, seul jour où il pouvait aller rendre visite à son frère cadet, élève dans un autre pensionnat sur la rive opposée (1). C'est donc pour obvier à cette séparation et aux correspondances interceptées que l'aîné imagina avec

(1) A Prunier, village sur un coteau, en regard du couvent de la Beaumette, à 2 kilom. environ d'Angers.

Fig. 33.

son frère des signaux de convention , pour, en dépit de la surveillance active dont ils étaient entourés, se transmettre les divers renseignements commandés par leur position.

C'est avec des règles d'école que l'appareil fut construit, et sa forme était, à peu de chose près, celle des télégraphes que nous voyons encore sur les lignes qui ne sont pas encore envahies par la télégraphie électrique.

Sous la république, les frères Chappe firent l'essai de leur invention perfectionnée , à Ménilmontant, près Paris, dans une propriété dite la *Villa-Santa*, depuis chef-lieu de l'ordre des Saint-Simoniens. Dire toutes les difficultés qu'éprouvèrent les inventeurs pour produire le résultat de leurs veilles, serait entreprendre l'histoire de tous les génies inventifs, et tel n'est pas notre cadre , disons seulement que le jeune Chappe vécut assez pour voir l'empire adopter comme utilité publique son jeu d'écolier.

## Télégraphie électrique.

L'industrie parcourt l'Europe à pas de géants, et partout où elle passe, la terre produit de plus riches moissons, les villes se peuplent davantage, les habitations sont plus commodes, l'existence de l'homme devient plus facile et plus douce, et la science, sous l'égide de l'industrie , raccourcit les distances, ouvre des voies de communication, traverse les mers avec une rapidité presque régulière, grâce au génie des Salomon•de Caus , des Papin, des Fulton , etc. pèse l'air dans la balance de Toricelli, mesure la hauteur de l'atmosphère avec Pascal, devine la forme et le mouvement de la terre avec le compas de Galilée, découvre tout un monde avec Newton et Descartes, parvient à lire dans le ciel avec le télescope de Herschell et d'Arago, fixe les variations des saisons avec le thermomètre Réaumur, conduit le feu du ciel à l'aide du paratonnerre de Franklin, instruit et affranchit le peuple par l'œuvre des Coster et des Guttemberg.

Lorsque l'industrie, animée par de sublimes hardiesses, voit la science qui doute, les yeux attachés au ciel, elle s'élance dans une nacelle aérienne, et s'appelle alors Montgolfier. En descend-elle abandonnant son esquif, abritée d'un simple parapluie, comme un dandy, foulant le bitume du boulevart Italien, elle s'appelle Garnerin.

Lorsqu'elle voit encore la science questionner le monde terrestre avec la pioche et le marteau, elle emprunte la sonde artésienne (du nom de la province qui l'essaya la première), et s'appelle Mulot.

Il fallait franchir rapidement l'espace pour porter aux quatre coins du monde la nouvelle des rapides et intéressantes découvertes des arts et de l'industrie, mais la nuit couvrait la terre de ses voiles sombres ; l'hiver le ciel était obscurci, les bras de géants des frères Chappe restaient inactifs ; la science emprunta la pile de Volta, et la télégraphie électrique fut inventée, la transmission des dépêches devint plus prompte que l'épellation ; sur un fil de fer l'électricité parcourt 254 lieues ou 101,700 kilom., et sur un fil de cuivre 444 lieues, ou 177,700 kilom. par seconde.

Donnons la description d'un télégraphe électrique.

Il faut d'abord que les deux points extrêmes soient mis en communication au moyen d'un fil de fer ou de cuivre, ensuite qu'un mouvement imprimé à l'une des extrémités de ce fil soit rapidement transmis à l'autre point opposé. Ensuite, qu'à l'aide du mouvement ainsi transmis, on puisse produire une série de signes convenus, un alphabet; l'on fait d'ordinaire courir le fil conducteur le long d'une voie close et ferrée pour le garantir de toute violation; de plus, il est soutenu de distance en distance par des poteaux élevés armés d'une garniture en porcelaine, qui, comme le verre et la soie, est impénétrable à l'électricité. Si le télégraphe doit traverser la mer ou un fleuve, on place le fil dans une enveloppe de gutta-percha pour le garantir de l'humidité.

Un opérateur placé à l'une des extrémités de la ligne avec un appareil électro-magnétique (voy. la fig. 46) transmet le fil de fer ou de cuivre. A l'instant, une bobine placée à l'extrémité de ce fil reçoit la propriété de l'aimantation, en vertu de l'action des électro-aimants. Elle attire une manette de fer avec laquelle elle entre en communication. L'opérateur arrête le fluide : la manette reprend sa première position, puis le fluide est rendu au fil. La bobine redevient attractive, la manette est de nouveau attirée, et il se produit alors un mouvement de va-et-vient, que l'on peut interrompre à volonté, en supprimant plus longtemps l'aimantation. Cette manette est adaptée à des rouages qui font mouvoir une aiguille sur un cadran où sont inscrites, au lieu d'heures, les 24 lettres de l'alphabet.

Il est facile de comprendre qu'on possède ainsi tous les éléments d'une langue pour laquelle, en quelque sorte, l'espace et le temps n'existent plus. Car chaque fois que l'aiguille s'arrête par la suppression de l'électricité, celui qui reçoit la dépêche écrit la lettre de l'alphabet sur laquelle l'aiguille s'est arrêtée. Puis le fil de fer est aimanté de nouveau, le mouvement de la manette et celui de l'aiguille recommencent, et une nouvelle lettre de l'alphabet est indiquée.

Le procédé le plus ordinairement employé consiste à disposer à l'extrémité de chaque ligne un cadran sur lequel le fil électrique marque successivement toutes les lettres de l'alphabet dont le mot à transmettre est composé.

## Encres sympathiques

### (ENCRE VERTE.)

Prenez du safre en poudre, et faites-le dissoudre dans l'eau régale pendant vingt-quatre heures, avec un feu très-doux; tirez ensuite la liqueur au clair, et ajoutez-y autant ou même plus d'eau commune, suivant que vous voudrez avoir le vert tendre ou foncé.

## Encre pourpre.

Au lieu d'employer l'eau régale pour dissoudre le safre, servez-vous d'eau forte, et jetez-y un peu de sel de tartre pour éviter la trop grande fermentation; ensuite, tirez au clair et ajoutez de l'eau en quantité suffisante.

## Encre rose.

Après avoir fait dissoudre, comme ci-dessus, le safre dans de l'eau forte, ajoutez-y, au lieu de sel de tartre, du salpêtre purifié ; vous vous procurez, en mêlant cette dissolution avec de l'eau, une encre rose qui disparaîtra en se séchant, et renaîtra en la présentant au feu.

Ces trois sortes d'encres peuvent se mêler ensemble, et en produire d'autres sans altérer leurs vertus ; ainsi, la pourpre et la verte donnent la bleue; la pourpre et la rose la violette, etc,

Il faut avoir soin de les conserver bien bouchées et de ne les mêler qu'à l'instant de s'en servir. L'on peut composer des dessins, de petits tableaux et écrans avec ces diverses encres, en s'en servant comme coloris ; tant qu'ils resteront exposés au froid, ils seront absolument invisibles et paraîtront dans tout leur éclat sitôt qu'ils seront exposés à la cha-leur.

## Encres sympathiques
### POUR CORRESPONDANCES.

Faites dissoudre du bismuth dans de l'acide nitrique ; en écrivant avec cette dissolution, les caractères seront invisibles ; exposés à la vapeur de l'alcali fixe et du soufre (foie de soufre), l'écriture paraît très-noire. La subtilité de cette vapeur est si déliée et active, qu'en écrivant sur le premier feuillet d'un livre avec la dissolution de bismuth et plaçant à la fin du volume une feuille de papier imbibée de la dissolution de foie de soufre, au bout de quelque temps les traits invisibles au commencement du livre se trouvent très-bien marqués en noir sur la feuille de papier placée à la fin.

Toutes les dissolutions de sel, les acides, tels que les jus de citron, de cerises, d'oignons, etc., sont en quelque sorte des encres sympathiques, invisibles à froid ; dès qu'on approche l'écriture du feu, les sels se dessèchent, se calcinent, se brûlent, se réduisent en charbon qui fait paraître l'écriture en noir.

### *Autre exemple.*

Ecrivez sur du papier un peu fort avec une dissolution de vitriol de mars nouvellement faite dans l'eau commune, à laquelle on a ajouté un peu d'acide nitrique, et laissez sécher l'écriture. Quand vous voudrez rendre visible ce qui est écrit sur le papier, vous passerez dessus, avec un pinceau de poils doux, un peu d'infusion de noix de galle, aussi nouvellement faite et qui n'ait point bouilli. C'est avec ces deux liqueurs, mêlées ensemble, qu'on fait l'encre commune : quand elles sont réunies de quelque manière que ce soit, elles produisent du noir. La première, en se séchant sur le papier, y a déposé des parties de vitriol qui sont nécessaires à l'autre pour rendre l'écriture apparente. Si, au lieu d'infusion de noix de galle, on faisait usage de liqueur saturée de bleu de Prusse, l'écriture paraîtrait d'un très-beau bleu.

## Caractères mis à jour.

Ecrivez sur un morceau de papier blanc un peu épais avec l'acide vitriolique, affaibli par une suffisante quantité d'eau commune pour l'empêcher de corroder trop promptement le papier. Quand cette écriture est sèche, elle ne se verra point ; mais elle paraîtra sous une couleur rousse et rembrunie dès que vous la présenterez un peu au feu, parce que l'acide concentré par la chaleur brûlera le papier dans tous les endroits où la plume de l'écrivain aura passé. Il est très-facile de comprendre que lorsque l'on voudra conserver par ce moyen des caractères quelconques, il faut sinon bloquer les liaisons, du moins ménager des attaches.

## Autres encres sympathiques.

Ecrivez avec du lait, de la bière forte ou quelque autre liqueur grasse ou gluante, telle que le suc visqueux de certains fruits, de certaines plantes, qui n'ait point de couleur, et jetez sur le papier quelque poudre fine et colorée, en remuant un peu, afin qu'elle s'étende partout, soufflez dessus ou secouez le papier pour faire tomber ce qu'il y a de trop, l'écriture en retiendra autant qu'il en faut pour la rendre apparente. De la cendre bien brune ou de la poussière de charbon tamisée, etc., seront bonnes pour cet effet.

## Ecriture lisible à l'eau.

Sur un papier blanc, mais lâche et peu collé, tel que celui qu'on nomme vulgairement papier d'office, formez des caractères avec une forte dissolution d'alun de roche que vous laisserez sécher. Quand vous voudrez rendre cette écriture lisible, vous étendrez le papier écrit sur une assiette, et vous verserez dessus de l'eau claire jusqu'à la hauteur d'un travers de doigt. Le fond du papier en se mouillant deviendra bis, et l'écriture restera blanche comme le papier l'était avant d'être mouillé, ce qui la rendra très-apparente.

## Encres sympathiques de diverses couleurs.

La dissolution d'or par l'eau régale donne une encre *purpurine*. La mine de cobalt, préparée avec le sel marin, le nitre ou le sel de tartre, donne une encre *verte, rose, purpurine;* on tire du safre une encre *verte;* la dissolution du vitriol, vivifiée par une liqueur saturée de bleu de Prusse, donne une encre *bleue;* la dissolution d'argent fournit une couleur d'*ardoise;* mais tous ces procédés sont dispendieux. Nous allons donner d'autres procédés qui ont l'avantage d'être peu coûteux et de fournir des couleurs très-vives. Le développement des couleurs se fait par le moyen du suc végétal tiré par infusion, trituration et expression des violettes, des pensées ou des reines-marguerites. Par exemple, veut-on que l'écriture paraisse *verte,* on fait dissoudre, dans une petite quantité suffisante d'eau de rivière, du sel de tartre bien blanc et le plus sec que l'on peut se procurer ; on écrit avec cette dissolution, et l'eau de violettes ci-dessus donne à l'écriture une couleur verte ; de même si l'on veut que les lettres paraissent *rouges*, on prend, pour écrire, de l'esprit de vitriol pur, ou bien de l'esprit de nitre noyé dans huit à dix fois autant d'eau. Pour écrire en violet, on exprime le jus de citron que l'on conserve dans une bouteille bien bouchée. L'encre sympathique *jaune* se fait avec des feuilles de la fleur qu'on nomme communément *souci*, qu'on met tremper sept à huit jours au moins dans de bon vinaigre blanc distillé ; on presse le tout, et l'eau claire qu'on en tire se garde dans une bouteille bien bouchée. Pour donner au jaune une couleur plus pâle, on y met plus ou moins d'eau lorsqu'on en fait usage. Tout ce qu'on aura écrit ou peint sur du papier, de la toile ou de la soie, avec ces différentes encres, prendra, comme nous l'avons dit plus haut, la couleur désignée, lorsqu'on aura passé dessus l'écriture ou le dessin la liqueur de violettes, de pensées ou de reines-marguerites : cette liqueur n'est pas difficile à faire. On prend une suffisante quantité de ces fleurs, on les pile dans un mortier, en y mettant de l'eau, et on en exprime le jus en les passant à travers un linge. Cette liqueur, conservée dans une bouteille, sert non seulement pour l'écriture, mais à différentes récréations. L'infusion de tournesol (drogue qui se trouve chez tous les marchands de couleurs) produit le même effet que la liqueur de violettes, etc.

## Bouquet magique s'épanouissant

### AU COMMANDEMENT.

Les branches de ce bouquet peuvent être de papier roulé, de fer-blanc, ou de toute autre matière, pourvu qu'elles soient creuses et vides. Il faut 1° les percer dans différents points, pour y appliquer de petites masses de cire, représentant des fleurs et des fruits ; 2° envelopper cette cire de taffetas gommé, ou d'une peau bien fine ; 3° coller proprement ces enveloppes aux branches, de manière qu'elles semblent en faire partie, ou qu'elles paraissent en être une prolongation ; 4° leur donner la couleur des fleurs ou des fruits qu'elles représentent ; 5° faire chauffer la cire pour la fondre et la faire couler dans les branches par la queue du bouquet.

Après cette préparation, si on pompe l'air par la queue du bouquet, les enveloppes doivent se rider, se flétrir comme une vessie qu'on vient de crever ; si on y souffle, au contraire, le vent qui se porte dans les ramifications des branches, enfle les enveloppes comme de petits ballons aérostatiques, et leur donne par-là leur première forme. Pour faire ce tour, il faut commencer par tordre et presser légèrement toutes ces enveloppes, et les rendre presque invisibles, en les faisant entrer dans les branches du bouquet ; ensuite il faut poser le bouquet sur une espèce de bouteille qui contient un petit soufflet, et dont le fond mobile, mis en mouvement par les bascules de table, puissent enfler ces enveloppes à l'instant désiré.

*Nota.* Il serait facile de mettre dans la bouteille un second soufflet, qui, en pompant l'air par le premier, ferait disparaître les fleurs et les fruits.

## PETITS TOURS A JOUER EN COMPAGNIE.

### Faire paraître des vers sur la viande.

On coupe une chanterelle de violon en petits morceaux, et lorsque la viande est chaude et qu'on la porte sur la table, on jette dans le plat de ces morceaux; la chaleur les dilate et leur fait faire des mouvements qui, avec la forme ressemblante qu'ils ont déjà, font croire aux convives que ce sont de véritables *vers*, et ils renvoient la viande sans oser y toucher. Ce secret est bon pour un gourmand ou pour un avare qui, voulant avoir l'air de servir un bon repas à ses amis, veut pourtant épargner et garder pour lui les meilleures pièces, qu'il mange ensuite sans répugnance, et en riant de la duperie des autres qui ont été dégoûtés par une trompeuse apparence.

### Faire courir un œuf.

Vous videz un œuf par le moyen d'une paille qui vous sert à pomper tout ce qu'il y a dedans, à l'aide d'un petit trou que vous y avez fait. Vous y introduisez ensuite un *grillon* vivant, et vous rebouchez le trou avec de la cire blanche, ou un morceau de papier que vous collez dessus, et vous le mettez dans une assiette avec d'autres œufs pleins. Au bout d'un instant, la chaleur des autres qui se communique à celui-là, ranime le *grillon* qui commence à s'agiter dans l'œuf, et le fait remuer, au grand étonnement de la compagnie.

### Moyens de partager également

#### HUIT LITRES DE VIN.

Dans trois vases inégaux de contenances (voir fig. 47), supposons que ces vases soient de 8 litres celui A, 5 litres celui B et 3 litres celui C. Versez dans B le vin qui est en A autant qu'il en peut contenir, et de B en C. Puis transvasez ce qui est en C dans A, et ce qui reste dans B, c'est-à-dire 2 litres , mettez-le dans C. Emplissez derechef B du vin qui est dans A, et de celui qui sera en B emplissez le reste de C. Puisque C avait déjà deux litres, vous n'y en verserez qu'un ; il restera quatre litres dans B, qui sera justement la moitié dont il est question.

## Boule trompeuse au jeu de quilles.

Creusez un côté de la boule , versez-y du plomb ou du mercure, bouchez hermétiquement le trou, de sorte qu'on ne puisse découvrir la supercherie. Avec cet expédient, bien que la boule soit lancée droite au jeu, elle se détournera toujours et fera constamment perdre celui entre les mains de qui vous l'aurez remise. Observez de calculer la pesanteur du bois retiré au métal que vous introduirez pour ne pas que le poids à la main donne l'éveil au joueur.

## Faire passer un même corps

DUR ET INFLEXIBLE PAR DES TROUS DIVERS QU'IL DEVRA REMPLIR EXACTEMENT L'UN ET L'AUTRE.

Ayez une pyramide ronde ou cône et faites dans une planchette un trou circulaire égal à la base du cône, ensuite un trou triangulaire qui ait l'un des côtés égal au diamètre du cercle et les deux autres égaux aux deux côtés de la pyramide depuis la base jusqu'à la pointe. Il est certain que ce corps passera en les remplissant aussi bien par le trou circulaire que par le triangulaire ; en faisant un trou carré à votre planchette, vous le remplirez en collant par leurs bases deux cônes semblables.

### *Autre moyen dans ce genre.*

Prenez un corps cylindrique de la grandeur qu'il vous plaira ; il est évident qu'étant mis droit, il emplira un trou circulaire ; étant couché de son long, il emplira en passant un trou quadrangulaire (voir fig. 48) aussi long que large ; comme l'on obtient un ovale en coupant de biais, un cylindre, en passant cette colonne de biais elle emplira donc un trou ovale qui aura la largeur égale au diamètre du cercle.

## Moyen de mesurer les hauteurs et largeurs.

Nous allons donner ici un procédé simple qui peut être compris de tout le monde, et par lequel on peut gagner un pari dans certains cas, en mesurant, pour ainsi dire d'un coup d'œil, la hauteur d'un monument. Pour cela il ne faut d'appareil qu'un carré parfait, tracé sur un morceau de carton ou de bois. On y trace la diagonale A D, et on y attache au point A un fil portant un plomb (voy. fig. 49) ; ce carré doit-être porté sur un bâton que l'on plante en terre ; le fil tendu par la balle doit descendre le long de la ligne A C ; on s'éloigne de la tour jusqu'à ce que l'œil placé au point D puisse voir le sommet H, de manière que le rayon visuel passe dans la ligne A D ; alors on peut être bien assuré que la distance du point D à la tour est égale à sa hauteur ; seulement, pour plus d'exactitude, il faut ajouter la hauteur de la personne qui fait cette expérience et de la terre à l'œil.

## Le verro-phone ou musique des verres.

Encore une expérience qui captive la curiosité avide du public. Le verro-phone (voir la fig. 50) semble demander pour son exécution la plus grande tactique musicale et le plus subtil toucher, de plus, c'est, dit-on partout, une œuvre nouvelle. Erreur ! Nous lisons dans un volume *réimprimé* en 1626 qu'un faiseur de tours posait huit et même seize verres sur une table, tous de même grandeur et qui avaient le même son, puis il ajoutait qu'il défiait tous accordeurs d'instruments, en dépit de leur adresse et de leurs tàtonnements, d'arriver à toucher dessus ces verres, non seulement la gamme, mais un air; ce qu'il offrait de faire et faisait réellement en versant de l'eau dans chacun d'eux et d'un seul trait (c'est à peu près la même annonce aujourd'hui). Quel est ce mystère, quel est ce talent? L'exécutant, après avoir versé de l'eau dans les verres, les touche avec une petite baguette l'un après l'autre, monte et descend successivement la gamme, puis le voilà parti à taper de çà de là et à faire rendre avec justesse un air correct à son instrument fragile dont les sons tiennent beaucoup de *l'harmonica*. Les verres, ce que le public ignore, ont chacun un petit trou et une hauteur différente, de manière que, quand on les emplit l'eau s'épanche par le petit trou jusqu'à ce qu'il en reste assez dans le verre pour donner le ton nécessaire. Par ce moyen, l'instrument s'accorde de lui-même.

## Renouvellement des noces de Cana.

Mettez deux litres de vin dans une grosse bouteille, avec trois onces de véritable noir d'ivoire, qu'on a soin de secouer 5 ou 6 fois dans l'espace de 8 heures; après on le filtre et on le met dans des carafes que l'on place sur la table, comme si c'était de l'eau; s'il y a des personnes à table, on leur demande si elles veulent que l'on change l'eau en vin; on demande des bouteilles vides dans lesquelles on aura mis d'avance une cuillerée de teinture de bois de Brésil; en remplissant la bouteille avec la carafe, le vin reprend sa couleur, et l'on croit que c'est de l'eau changée en vin.

FIN.

# TABLE.

FIN DE LA TABLE.

Paris. — Imp. de Pommeret et Moreau, 17, quai des Augustins.

Lentuli, si ipse pudicitiæ, si famæ suæ, si diis aut hominibus unquàm ullis pepercit : ignoscite Cethegi adolescentiæ, nisi iterùm patriæ bellum fecit. Nam quid ego de Gabinio, Statilio, Cœpario loquar? quibus si quidquam pensi unquàm fuisset, non ea consilia de republicâ habuissent. Postremò, P. C., si meherculè peccato locus esset, facilè paterer, vos ipsâ re corrigi, quoniam verba contemnitis : sed undiquè circumventi sumus. Catilina cum exercitu faucibus urget : alii intra mœnia atque in sinu urbis sunt hostes : neque parari , neque consuli quidquam occultè potest : quò magìs properandum est. Quarè ità ego censeo : quum nefario consilio sceleratorum civium respublica in maxuma pericula venerit, hique indicio T. Volturtii et legatorum Allobrogum convicti confessique sint, cædem , incendia, alia fœda atque crudelia facinora in civis patriamque paravisse; de confessis, sicuti de manifestis rerum capitalium, more majorum, supplicium sumendum. »

CAP. LIII. *Sententia Catonis laudatur, et Senatûs decreto comprobatur. Quæ res maxumè, romanum decus sustinuerit.*

Postquàm Cato assedit, consulares omnes, itemque senatûs magna pars sententiam ejus laudant, virtutem animi ad cœlum ferunt, alii alios increpantes timidos vocant; Cato clarus atque magnus habetur; senatûs decretum fit, sicuti ille censuerat. Sed mihi multa legenti, multa audienti, quæ populus romanus domi militiæque, mari atque terrâ, præclara facinora fecit, fortè lubuit attendere, quæ res maxumè tanta negotia sustinuisset. Sciebam, sæpenumerò parvâ manu cum magnis legionibus hostium contendisse; cognoveram parvis copiis bella gesta cum opulentis regibus; ad hoc sæpè fortunæ violentiam toleravisse; facundiâ Græcos, gloriâ belli Gallos antè Romanos fuisse : ac mihi multa agitanti constabat, paucorum civium egregiam virtutem cuncta patravisse; eoque factum , uti divitias paupertas, multitudinem paucitas superaret. Sed postquàm

Paris. — Imp. de Pommeret et Moreau, 17, quai des Augustins.